网络与新媒体专业系列丛书

U0186473

# 短视频
# 拍摄、剪辑与制作

魏瑾　编著

清华大学出版社
北京

## 内 容 简 介

本书作为一本短视频拍摄、剪辑与制作的教学用书，以任务式教学为特点，通过丰富的项目实训案例，系统、全面地介绍了短视频拍摄、剪辑与制作等相关方法、步骤和技巧。

项目 1 讲解了短视频的基础知识；项目 2 讲解了短视频拍摄的基本流程；项目 3 讲解了短视频拍摄的基本技能；项目 4 讲解了短视频剪辑的思路；项目 5 讲解了抖音短视频的拍摄与制作技巧，包括短视频后期制作、封面设计与视频发布等；项目 6 讲解了使用手机剪辑短视频的技巧，包括音频剪辑、视频剪辑、字幕与特效；项目 7 讲解了使用 Premiere 剪辑短视频的方法，包括转场效果、制作字幕、视频特效、音频编辑等。

本书内容全面、专业性较强，能够切实有效地帮助读者掌握短视频拍摄、剪辑与制作的常用工具、相关方法和技巧，并附有案例实战操作。本书既可作为短视频从业者学习短视频拍摄、剪辑与制作的入门指南，也适合作为高等学校新媒体数字化、影视广告制作、视频后期，以及电商相关专业的实用教材。

版权所有，侵权必究。举报：010-62782989，beiqinquan@tup.tsinghua.edu.cn。

**图书在版编目 (CIP) 数据**

短视频拍摄、剪辑与制作 / 魏瑾编著 . -- 北京：
清华大学出版社，2024.7. -- ( 网络与新媒体专业系列
丛书 ). -- ISBN 978-7-302-66489-5

Ⅰ . TN94

中国国家版本馆 CIP 数据核字第 2024M6U259 号

责任编辑：黄　芝　李　燕
封面设计：刘　键
版式设计：方加青
责任校对：郝美丽
责任印制：刘海龙

出版发行：清华大学出版社
　　　　　网　　　址：https://www.tup.com.cn，https://www.wqxuetang.com
　　　　　地　　　址：北京清华大学学研大厦 A 座　　　　　邮　　编：100084
　　　　　社 总 机：010-83470000　　　　　　　　　　　邮　　购：010-62786544
　　　　　投稿与读者服务：010-62776969，c-service@tup.tsinghua.edu.cn
　　　　　质 量 反 馈：010-62772015，zhiliang@tup.tsinghua.edu.cn
印 装 者：三河市君旺印务有限公司
经　　销：全国新华书店
开　　本：185mm×260mm　　　印　　张：15.75　　　字　　数：356 千字
版　　次：2024 年 7 月第 1 版　　　　　　　　　　　印　　次：2024 年 7 月第 1 次印刷
印　　数：1 ～ 2500
定　　价：69.80 元

产品编号：102859-01

# 前言

## 本书的编写初衷

随着社会节奏的加快，人们对短视频的关注度越来越高。抖音、快手等短视频平台聚集了大量的用户。经过多年的发展，短视频行业不断壮大，已经成为移动互联网时代最主流的传播方式。

短视频行业的发展离不开技术进步、用户需求的变化以及商业模式的成熟。随着移动互联网的普及和网络带宽的提升，短视频将继续在信息传播和社交娱乐领域发挥重要作用。

随着短视频用户和市场规模的不断增大，人们意识到了短视频的商业价值。无论是对于个人还是企业，短视频都蕴含丰富的商机。短视频行业是一个以内容传播为主导的新兴行业，为了在这个行业中取得成功，出色的内容创作能力至关重要。因此，编者特别为短视频创作者量身打造了这本项目实战教材，旨在帮助读者全面掌握短视频拍摄与制作的实用技巧，以创作出高质量的短视频作品。

## 本书的内容

本书遵循理论与实践相结合的理念，全面系统地介绍短视频拍摄、剪辑与制作的方法；通过大量的调研和分析，包括研究了上百个热门短视频账号，采访了众多成功的短视频创作者，收集了丰富的珍贵资料，经过长时间的整理与提炼，将一系列真实有用的短视频拍摄与制作案例编纂成册，供短视频创作者参考和学习。

本书共分为 7 个项目，采用"基础知识 + 操作技巧 + 课堂实训 + 课后练习"的体例结构进行编写。全书秉持有思想、有目标、有方法、有操作、有实战的教学理念，不仅适合想快速入门的初学者作为学习手册，更适合作为高等学校新媒体数字化、影视广告制作、视频后期，以及电商相关专业的实用教材。

项目 1：讲解短视频的基础知识，包括短视频的概念、特点、商业价值、内容构成与分类，以及短视频平台等。

项目 2：讲解短视频拍摄的基本流程，包括组建拍摄团队、制订拍摄计划、选择拍摄器材和场地，以及拍摄视频素材等。

项目 3：讲解短视频拍摄的基本技能，包括视频质量与画面要求、常用构图技法、用光技法、镜头的视觉语言，以及使用单反相机和手机拍摄短视频的操作要点。

项目 4：讲解短视频剪辑的思路，包括基本流程、组接、声音与字幕处理，以及美食 Vlog 视频剪辑赏析。

项目 5：讲解抖音短视频的拍摄与制作技巧，包括添加和修剪背景音乐、抖音拍摄技巧、后期制作、封面设计与视频发布，以及拍摄与后期制作玩偶视频。

项目 6：讲解使用手机剪辑短视频的技巧，包括剪映 App 的使用技巧，如视频和音频剪辑、视频特效制作、字幕制作技巧，以及制作动画效果和有节奏音乐卡点短视频的方法。

项目 7：讲解使用 Premiere 剪辑短视频的方法，包括新建项目、导入素材、素材编辑、转场效果、制作字幕、视频特效、音频编辑，以及使用 Premiere 制作旅游宣传动画。

在编写的过程中，尽管编者着力打磨内容，精益求精，但水平有限，书中难免有不足之处，欢迎广大读者提出宝贵意见和建议，以便后续的再版修订。

编者
2024 年 5 月

# 目录

下载素材

# 项目 1　认识短视频

**学习目标**

- 了解短视频的概念与特点。
- 了解短视频的商业价值及优势。
- 熟悉短视频的内容构成与分类。
- 熟悉常见的短视频平台的特点。

近年来，短视频行业发展可谓如火如荼，它既是一种新兴娱乐方式，也是一种很好的营销方式。短视频不受时间、地点的限制，能够迅速占据现今网民的碎片化时间，创造出跨越年龄与地域的强大影响力。读者应该抓住短视频的风口，为自己带来理想价值。本章将从短视频的基础知识出发，全面介绍短视频的特点、短视频的商业价值与优势、短视频的内容构成与类型，以及常见的短视频平台。

# 任务 1.1 短视频的概念、特点

短视频内容新奇、丰富，涵盖了技能分享、情景短剧、街头采访、幽默搞怪、网红 IP、时尚潮流、社会热点、创业剪辑、商业定制等主题。此外，用户还可以借助短视频进行自我表达和情感抒发，这些都是短视频备受大众喜爱的原因。

## 子任务 1.1.1 什么是短视频

短视频是指时间较短、内容丰富的视频片段，它主要利用移动设备拍摄与编辑，通过各种平台分享来展示有趣、有吸引力的内容，通常长度在几秒到几分钟之间。短视频平台的兴起使用户可以更方便地创建和分享自己的短视频作品，同时也为用户提供了观看各类短视频的机会。短视频通常节奏较快，视觉效果鲜明，内容生动，因此受到了大量用户的喜爱。

短视频在社交媒体平台如抖音、快手、TikTok 上十分流行，用户可以通过拍摄、编辑等方式制作短视频，并在平台上进行分享和观看。

短视频的应用领域非常广泛，以下是一些典型的应用场景。

（1）娱乐和分享：用户可以通过短视频分享自己的生活、才艺、旅行见闻等内容，与其他用户进行互动和交流，从分享中获得乐趣。

（2）影视宣传：电影、电视剧、综艺等影视作品可以发布预告片段、花絮等内容，提高作品的曝光度和观众的关注度。

（3）广告营销：企业可以发布广告，通过视频的形式展示产品、服务或品牌形象，吸引用户的注意力，激发他们的购买欲望。

（4）教育和培训：教育及培训机构可以发布教学视频、课程介绍等内容，为学生提供学习资源和知识分享。

（5）新闻报道：媒体可以发布新闻报道的片段，快速且生动地传递信息，吸引用户的关注和参与。

除了以上的应用场景，短视频的概念也在不断拓展和延伸。随着技术的发展和创新，短视频可以与虚拟现实（VR）、增强现实（AR）、人工智能（AI）等技术结合，创造出更加丰富、多样化的用户体验。例如，通过 AR 技术，可以在短视频中添加虚拟物体或特效，增强视频的趣味性和互动性；借助 AI 技术，进行智能推荐和个性化定制，提供更符合用户兴趣和偏好的短视频内容。

此外，短视频的概念还可以拓展到音乐、动画、Vlog 等领域，不仅局限于实景录制，还可以包括各种形式的创作和表达。由于传播快速，用户参与度较高，短视频正在成为不可忽视的一种传媒方式。

### 子任务 1.1.2　短视频的特点

与传统的长视频相比，短视频不仅占时较短，而且还具有以下 5 个特点，如图 1-1 所示。

（1）精练简洁：由于时长较短，需要在有限时间内传达信息，因此短视频往往剔除冗长内容。这个特点使短视频更适于用户快速浏览和消化。

（2）节奏快：同样，由于时长，短视频往往采用快节奏的拍摄和剪辑手法，保持视频的紧凑。快速的画面切换、动感的音乐和特效，这些元素都可以加强短视频的趣味性和吸引力。

图 1-1　短视频的特点

（3）视觉冲击力强：为了在有限的时间内吸引用户的注意力，短视频通常注重画面的冲击力和视觉效果。它们通常利用色彩饱和度高的图像、大胆的视觉表现等手法，提升视频的视觉冲击力。

（4）用户参与度高：短视频平台通常会提供评论、点赞、分享等社交功能，使用户能够参与到视频内容中来，与其他用户进行互动。这种社交特点也使短视频平台更具吸引力和黏性。

（5）创意和创新：受短视频的形式和时长所限，创作者通常需要用更加创新或有趣的方式来展示内容。短视频的创作灵活度较高，可以采用各种独特的拍摄与剪辑手法，以提供新颖的视觉体验。

总体来说，短视频以简短、快节奏、生动有趣的形式呈现，能够迅速吸引用户的注意力并为之提供丰富多样的内容。它的便捷性和社交功能也使得用户能够更加轻松地创作和分享自己的作品。短视频已成为人们日常娱乐和获取信息的重要方式之一。

## 任务 1.2　短视频的商业价值与营销优势

短视频用新奇丰富的内容吸引着大众的目光，几乎渗透到了人们生活和娱乐的各个角落。那么，短视频对于商家而言，又有什么商业价值及营销优势呢？

### 子任务 1.2.1　短视频的商业价值

在现今这个以流量为王的时代，短视频拥有了其他传播形式无可比拟的流量优势，其商业价值也逐渐突显出来。如今，越来越多的用户选择用短视频植入硬性广告、软性广告或内容原创广告，以此来推广产品，并取得显著的效果。通过一系列数据分析和统计，短视频的商业价值主要体现在以下 6 方面，如图 1-2 所示。

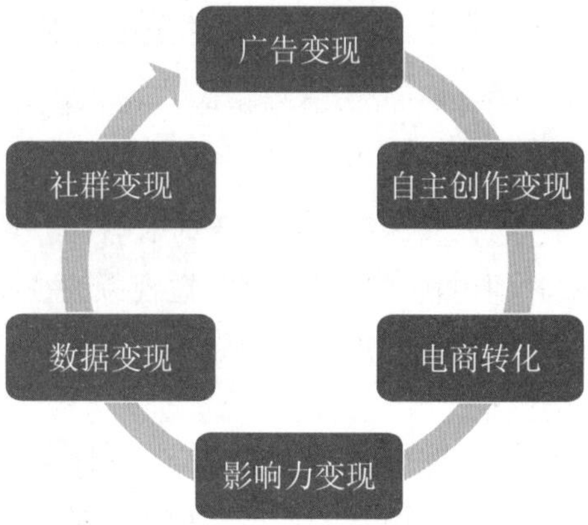

具体而言，短视频的商业价值体现为：

### 1. 广告变现

短视频平台可以通过导入广告进行变现，根据用户的兴趣和需求进行精准投放，提高广告效果和转化率。同时，短视频平台也可以与品牌进行合作，为品牌提供短视频广告制作和传播服务。

### 2. 自主创作变现

短视频平台为用户提供了一个自主创作的平台，用户可以通过发布优质作品获得粉丝和流量，进而通过粉丝经济、电商推广等方式进行变现。

### 3. 电商转化

短视频平台可以与电商平台合作，通过直播带货、植入商品链接等方式，将短视频上的商品进行转化，提升销售额。

### 4. 影响力变现

一些短视频创作者通过积累大量粉丝和社交影响力，将自己打造成品牌或者网红，从而获得代言、演出、主持等商业合作机会。

### 5. 数据变现

短视频平台可以通过对用户行为数据的分析和挖掘，为企业和广告主提供精准的用户画像和推荐服务，帮助企业进行精准广告投放和市场推广。

### 6. 社群变现

短视频平台可以构建社群机制，用户在互动的同时形成较稳固的联系，通过社群运营提升用户活跃度和留存率，进而为企业提供社群营销和社群运营服务。

总之，短视频平台为广告商提供了品牌曝光和推广的机会，使品牌能够直接接触消费者，为电商提供了购买转化的渠道，同时也为娱乐产业带来了新的发展机遇。

图 1-2　短视频的 6 大商业价值

## 子任务 1.2.2　短视频营销的优势

随着互联网媒体的飞速发展，营销手段也变得多样化，产生了诸如微信营销、电商营销、直播营销、短视频营销等多种新方式。其中，短视频营销的优势尤为显著，这是因为它将互联网和视频结合，既有新奇丰富、感染力强、内容多元的特征，又具有传播性高、成本低廉等优势，自然受到人们的青睐。短视频营销的优势也可以总结为以下 6 方面，如图 1-3 所示。

### 1. 视频内容生动鲜活

短视频以生动的音视频呈现，能够更好地吸引用户的注意力，传达产品的概念或品牌理念，提升产品或品牌的记忆度和关注度。例如，可口可乐公司通过一系列富有创意、饱含情感的短视频广告，在短短的几十秒内，用图像和音乐展示出了欢乐、温情、友谊等品牌核心价值。这些视频不仅深入人心，也容易引发用户的共鸣和分享。

图 1-3 短视频营销的 6 大优势

### 2. 传播速度快

短视频通常时长较短，易于传播和分享，能够迅速传达信息和引起用户的兴趣，有利于信息的迅速扩散。例如，红牛公司就通过一系列激动人心的短视频，展示了运动员和极限运动的精神和活力，同时激发了用户的好奇心和冒险精神。这些视频通过社交媒体被大量分享和转发，将红牛的品牌精神传播给了更多的用户。

### 3. 手机用户数量庞大

随着智能手机的普及，越来越多的用户会在移动设备上观看视频内容，短视频在手机上的呈现形式更符合用户需求，开辟出更大的潜在用户群体。

### 4. 可以形成用户黏性

短视频可以通过引人入胜的内容和精准的推荐算法，吸引用户持续浏览和互动，提高用户的留存率和活跃度。例如，抖音短视频平台根据用户的兴趣爱好和观看历史记录，为用户推荐个性化的短视频内容。当用户喜欢观看美食相关视频时，抖音会自动推荐更多有关美食制作和烹饪技巧的短视频。个性化推荐能够更好地满足用户的兴趣和需求，提高品牌的曝光度和影响力。

### 5. 互动性强

短视频平台通常提供点赞、评论、分享等互动功能，用户可以即时表达对视频的喜爱或加以评论，从而增强用户与品牌或创作者的亲密度，提高他们的参与感。奥利奥巧克力饼干通过一系列有趣且互动性强的短视频，引发了用户的创造力和参与度。其中一个视频是一款创意游戏，要求用户在短短几秒内把自己的奥利奥吃得干干净净。这种互动不仅提高了用户的参与度，也增加了用户对品牌的好感和忠诚度。

### 6. 用户参与度高

短视频内容多样，用户可以根据兴趣选择观看，增加了用户的参与度和主动性，有助于提升用户对品牌或产品的认知和理解。

　　总之，短视频可以通过生动鲜活的内容、快速传播和互动性强等营销优势，更好地吸引用户关注、传播品牌信息并与用户建立亲密联系，从而达到推广产品或品牌的目的。

# 任务 1.3　短视频的内容构成与分类

## 子任务 1.3.1　短视频的内容构成

　　虽然短视频制作门槛较低，内容也较为简单，但一条完整的短视频通常包含了图像、字幕、声音、特效、描述、评论等众多元素，如图 1-4 所示。

### 1. 图像

　　短视频通常通过图像来传达信息或故事情节。高质量的图像素材能够吸引用户的注意力，提升用户的观看体验。例如，产品独特的外观、包装设计或者使用场景的展示，都可以通过图像元素展示出来。总之，优质的图像内容应该具有观赏性强、层次感明显和专业度高的特点，如此才能引起用户的兴趣并为之带来良好的视觉体验。

　　例如，在某旅游类短视频中，极具观赏性的风景画面引发数万用户点赞，如图 1-5 所示。

图 1-4　短视频的内容构成

图 1-5　极具观赏性的视频截图

2.字幕

在短视频中，根据不同的分类标准，可以将字幕分为不同的类型。不同类型字幕的位置和作用也有所不同，以下是常见的 8 种字幕类型。

1）标题字幕

标题字幕也叫"片名字幕"，一般出现在视频开始的位置，主要用于标明视频的主题或主要内容，起到画龙点睛的作用。标题字幕一般比较醒目，字体较大，以突出显示，引起观众的注意。在制作片名字幕时，要生动准确、简洁明了，才能体现出短视频的内容和风格，更容易吸引观众的眼球，如图 1-6 所示。

2）片头字幕

片头字幕是出现在视频开头的字幕，主要用于介绍视频的背景、人物、事件等信息。片头字幕一般比较简洁明了，有时会配合片头音乐或特效来呈现。

3）片尾字幕

片尾字幕一般出现在视频结尾的位置，用来展示主创人员、参与制作的机构和协办单位的名称等，也会添加一些说明性的字幕，方便观众了解更多的信息，如图 1-7 所示。

图 1-6　标题字幕

图 1-7　片尾字幕

4）对话字幕

对话字幕是出现在视频中对话部分的字幕，主要用于帮助观众理解对话内容。对话字幕包含对白、解说、旁白或独白的字幕，对话字幕一般会随着对话的进行而出现和消失，文字较小，颜色与背景色相近，如图 1-8 所示。

图 1-8　对话字幕

5）说明字幕

说明字幕可以用于解释产品的功能、传递营销口号或品牌理念，帮助用户更好地理解内容。例如，某条美食短视频中，菜品的关键烹饪步骤使用了字幕显示，让用户在看视频时能更好地掌握这道菜的烹饪方法。该条视频获得 10 多万个用户点赞，如图 1-9 所示。

6）特效字幕

特效字幕是配合视频中的特效、动画等元素呈现的字幕。特效字幕一般会以特殊的字体、颜色、动态效果等方式呈现，以突出显示某些信息或强调某些情节，如花字字幕，如图 1-10 所示。

图 1-9　说明字幕

图 1-10　特效字幕

【小提示】花字字幕是指五颜六色、字体各异的包装性文字，不仅有着字幕的基本功能，同时对画面也有美化功能。花字经常出现在综艺节目中，如标记节目中人物的开心、激动或难过等情绪。使用花字字幕可以为短视频画面增添光彩。

7）歌词字幕

歌词字幕是专门用于呈现歌曲的歌词的字幕。歌词字幕一般会随着歌曲的节奏而变化，有时会配合动态效果来呈现。

8）滚动字幕

滚动字幕是出现在屏幕下方并向下滚动的字幕，主要用于提供额外的信息或滚动公告。滚动字幕一般会随着时间的推移而不断滚动，文字较小，滚动速度较快。

以上是常见的几种短视频中字幕的类型，不同类型的字幕在视频中起到不同的作用，可以结合视频的内容和风格进行选择和设计。

3. 声音

在短视频中，声音不仅是传达信息的方式，更是营造氛围、引导情感的重要手段。一个恰当的声音设计能够瞬间将观众带入特定的情境，增强视频的感染力，使其更加引人入胜。

声音在短视频中扮演着重要的角色，可以是旁白、人物自述、人物对话等，如图 1-11 所示。

图 1-11　短视频声音的组成部分

- 旁白：旁白是第三者的解释和说明，旁白通常以画外音的形式出现，与独白不同，旁白不是人物内心的声音，而是由一个客观的叙述者来讲述故事或情境。旁白通常用于描述情节，交代背景或人物心理，提供额外的信息和解释，以帮助观众更好地理解视频内容。在短视频中，旁白可以快速引导观众进入情境，提供必要的背景信息，并增强视频的叙述感和层次感。通过旁白的使用，可以有效地弥补画面信息的不足，使故事更加完整和易于理解。
- 人物自述：人物自述是指人物自己以第一人称的方式讲述自己的故事、经历或观点等。这种声音可以增强情感表达和亲近感，并且让观众更深入地了解主要人物的想法和感受。优质的人物自述应该真实、自然，并且有感染力。
- 人物对话：人物对话是指视频中人物之间的交流或对话。这种声音可以用来展现人物之间的关系、推动剧情发展或传达重要信息。优质的人物对话应该清晰、自然，并且表达出人物之间的情感和态度。
- 背景音乐：背景音乐是指在视频中用来衬托画面氛围、强调情感或传递特定信息的音乐。优质的背景音乐应该与画面内容相匹配，能够增强观众的情感体验，但不过于喧宾夺主，不干扰对话和旁白的清晰度。
- 特效音乐：特效音乐是指用来增强特定画面效果、强调动作或突出某种氛围的音乐。特效音乐通常与视觉特效配合使用，如爆炸声、战斗音效等。优质的特效音乐应该准确传达画面所要表达的效果，加强观众对画面的感受。

这些声音在短视频中起着至关重要的作用，它们共同构建了视频的声音空间，丰富了观众的听觉体验，为视频增添了更多的层次和深度。

---

**技术看板**

选择合适的音乐需要综合考虑视频的主题、情感氛围、目标受众、音乐的节奏和速度、音量控制以及版权问题等多个方面。通过精心的选择和调整，可以让音乐成为短视频的点睛之笔，提升观众的视听体验。

---

4. 特效

通过使用特效，可以提升短视频的视觉吸引力和艺术感。例如，使用动画效果来展示产品的特点或运作过程，运用滤镜增加视频的色彩和风格等。特效的运用可以让视频更加生动、有趣，吸引用户的关注。例如，在某短视频中，利用抖音特效道具"超长西瓜"来创作视频，如图 1-12 所示。抖音里还有很多新奇的特效道具，这些道具可以帮助创作者制作出各种有趣的创意视频，如图 1-13 所示。

图 1-12　某短视频作品中使用的特效道具

图 1-13　抖音官方的一些特效道具

【小提示】特效的出现时机要贴合剧情的发展，假设视频画风从悲伤转到欢乐，那么此时就应配上一段掌声或者欢快的音乐。

5. 描述

短视频内容构成中的描述是指对视频内容进行详细叙述和解释的部分。它通常位于短视频的标题和内容之间，用于引起观众的兴趣，同时准确地描述短视频内容，帮助观众了解视频主题和要传达的信息。描述的好坏可以直接影响观众的点击率和观看时长。

描述需要重点考虑以下几个要素。

（1）视频主题：描述应明确表达视频的主题，应将观众的注意力吸引到视频所要讨论的内容上。例如，在描述一段有关旅行的短视频时，可以提及目的地、旅行方式和主要景点等关键信息。

（2）观众受众：应根据短视频的受众定位来撰写描述。需要考虑观众的兴趣、需求和背景，以便根据这些特点提供相关描述。例如，对于一段美妆类短视频，描述可以强调适合不同肤质和妆容风格的相关技巧。

（3）引起兴趣：描述应该能够引起观众的兴趣，使其有欲望有单击观看视频。可以使用有吸引力的词汇或情节提示来激发观众的好奇心。例如，在描述悬疑剧情类的短视频时，可以使用诸如"不可思议的"或"令人难以置信"等字眼。

（4）简明摘要：描述应简明了，避免冗长的叙述，在有限的字数中确切表达视频的核心内容。观众通常只会花费几秒阅读描述，因此需要用简单明了的语言准确概括视频的关键信息。

（5）搜索引擎优化（SEO）：为了提高视频的曝光率和搜索排名，可以在描述中使用与视频内容相关的关键词。这样有助于搜索引擎更好地理解视频的主题，并将其与相关的搜索查询匹配。

总之，短视频内容组成中的描述是一个重要的元素，通过准确且具吸引力的描述，可以促使更多观众点击观看，并确保他们对视频内容有准确的理解。

6. 评论

在短视频中，来自用户的评论能够增加用户的参与度，提升社交氛围。例如，在视频的结尾或适当的位置处，显示一些用户的点赞、评论或分享信息，可以增加其他用户的兴趣和信任度。

对于抖音的短视频创作者而言，可以在视频内容中抛出作品评论方向，引导用户发表评论，增加视频的曝光率与点击率。需要注意的是，当用户评论后，创作者一定要记得回评，以增强和用户的互动。抖音上某条短视频的用户评论和创作者评论，如图 1-14 所示。评论版块非常利于吸取流量，塑造账号个性，打造评论版块是抖音运营的重要环节。创作者应该浏览大量的视频评论，总结出适合自己视频内容的引评方式，并且在运营中不断实践。

例如，一家餐饮品牌可以借由一段短视

图 1-14　短视频作品中的用户评论和创作者评论

频来介绍其特色菜品，视频可以通过高清图像展示食材与菜品的外观，加上恰当的背景音乐，配合字幕，传达出菜品的制作过程和风味特色。同时，可以运用特效将菜品的美味呈现得更加生动诱人。最后，在视频的结尾，可以加入一些用户的评论和点赞，增加其他用户对菜品的兴趣和品牌信任度。通过这样的内容构成，餐饮品牌能够以生动鲜活的方式吸引用户的注意力，传达产品的信息，并提高用户的记忆度和关注度。

## 子任务 1.3.2　短视频的内容分类

短视频内容题材丰富多样，以抖音上的热门短视频为例，既有知识类短视频，也有幽默搞笑，还有美食类视频。总体而言，短视频内容主要包括以下 7 种类型，如图 1-15 所示。

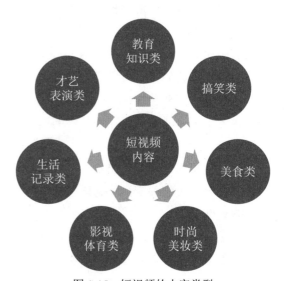

图 1-15　短视频的内容类型

### 1.教育知识类

教育知识类短视频以教育内容为主题，旨在通过简单明了的方式传授知识点、解析问题、分享学习经验，为观众提供有益的学习资源。这种短视频具有以下特点和优势。

（1）知识传递效果好：教育知识类短视频以清晰、简洁的方式传达知识点，易于被观众理解和接受。通过图文并茂、动画解说、举例说明等手段，帮助观众更好地理解和记忆知识内容。

（2）提供多样化的学习资源：教育知识类短视频可以覆盖不同学科领域和知识点，为用户提供多样化的学习资源。观众可以根据自己的学习需求，在短时间内获取到丰富的知识内容。

（3）引发学习兴趣和潜力：通过生动有趣的方式呈现知识，教育知识类短视频能够引发观众的学习兴趣，激发学习的潜力。观众更容易对相关知识内容保持兴趣，从而提高学习效果。

（4）方便灵活的学习方式：教育知识类短视频可以随时随地通过移动设备观看，观众可以根据自己的时间和地点自主选择学习。无论是上下班途中、空闲时间，还是居家休闲，观众都可以观看短视频来有效地学习。

（5）推广深度学习：教育知识类短视频通常会具备一定的学习深度，能够更好地帮助观众理解和消化知识点。通过反复多次观看和思考，观众可以逐渐深入理解某个知识领域。

总体来说，教育知识类短视频通过使用简单明了的方式传授知识，为观众提供有益的学习资源，从而提高学习效果，引发学习兴趣，并提供方便灵活的学习方式。这种形式的短视频在教育领域具有广阔的应用前景。

例如，某摄影知识教学类账号，内容以实用的人物拍摄教学为主，吸引了大量用户关注，目前拥有 7000 多万粉丝，如图 1-16 所示。该账号的视频点赞、评论数也较为可观，如某条足球拍照技巧的视频，就很快有 40 多万用户点赞，如图 1-17 所示。

图 1-16　某摄影知识类账号

图 1-17　某条足球拍照技巧的短视频截图

**2. 搞笑类**

搞笑类短视频以幽默搞笑的元素为主题，通过制造笑点和喜剧效果来引人发笑。这种类型的短视频具有以下特点和优势。

（1）娱乐性强：搞笑类短视频注重娱乐性，通常都具有幽默的剧情、搞笑的对白、滑稽的表演，观众可以借此放松心情，缓解压力。

（2）快速吸引注意力：搞笑类短视频通常采用快速切换和紧凑的剪辑方式，能够迅速吸引观众的注意力。通过短时间内集中呈现笑点，观众可以很快被逗乐。

（3）社交分享效果好：搞笑类短视频通常具有较高的分享价值，观众会更乐于将它们分享给别人，通过这种社交分享能够扩散视频内容，进而增加观众间的互动。

（4）构建个人形象：制作搞笑类短视频的个人或团队，可以通过幽默的作品赢得关注，积累粉丝，形成个人或品牌形象，进而引发商业机会，如品牌合作与代言、商业演出等。

（5）跨平台传播：搞笑类短视频形式适应不同的短视频平台和社交媒体平台，可以通过分享、点赞、评论等多种方式在不同平台上进行传播。观众可以通过多个平台观看和分享搞笑类短视频，进一步扩大影响力。

总体来说，搞笑类短视频以幽默搞笑为内容主旨，通过制造笑点和喜剧效果来引人发笑。这种形式的短视频具有很高的娱乐性和社交分享效果，能够吸引广大观众的关注，并构建个人形象或品牌形象，进而带来商业机会。

例如，某抖音账号一直走搞笑路线，目前已拥有400多万粉丝。其账号内容多是搞笑的女生日常生活，其中一条名为《十秒钟带你回顾你的假期》的短视频作品，就获得了20多万个点赞，如图1-18所示。

要想打造幽默搞笑的短视频内容，可以运用各种创意技巧和方法对一些比较经典的内容和场景进行视频编辑和加工；也可以对生活中一些常见的场景和片段直接进行恶搞的拍摄和编辑，从而打造出幽默有趣的短视频内容。

图1-18　短视频《十秒钟带你回顾你的假期》

### 3. 美食类

美食类短视频是以食物为主题，展示美食的制作过程，介绍创意菜品，或分享美食，让观众领略到各种美味。美食类短视频的内容主要包括以下4类。

（1）食谱制作类：主要是以美食的制作过程为主题，展示烹饪方法。视频中会详细介绍所需食材的处理方法和烹饪步骤，让观众能够学习到烹调的具体技巧和方法。

（2）创意菜品类：主要展示一些创意和特色菜品的制作过程。这类菜品通常具有独特的造型、风味或配料组合，可以给观众带来不一样的视觉享受。

（3）美食分享类：主要通过美食的分享和推荐来引起观众的兴趣。视频中会介绍一些特色餐厅、小吃摊或者夜市，展示他们的招牌菜品和独特的美食文化，让观众了解不同地区的美食特色。

（4）美食文化类：主要介绍一些与美食相关的文化知识或传统习俗。视频中会讲解一些美食背后的历史故事和文化背景，让观众更深入地了解美食所蕴含的文化价值。这类短视频常常涉及一些特色节日食品或传统饮食方式。

### 4. 时尚美妆类

时尚美妆类短视频主要展示化妆技巧、时尚搭配、发型设计等内容，以满足人们对美与时尚的追求和关注。时尚美妆类短视频通常包括以下几类。

（1）化妆技巧类：主要针对化妆爱好者，展示化妆的步骤和技巧。视频中会介绍如何画出完美的眉毛、眼妆、唇妆等，还会分享一些化妆产品的使用心得和推荐。

（2）时尚搭配类：主要展示时尚搭配的技巧和灵感。视频中会展示不同风格的穿搭，介绍如何搭配服装、配饰和鞋子，以及如何根据不同场合和季节进行风格变化。

（3）发型设计类：主要以发型的设计为主题，展示各种发型的打造过程和技巧。视频中会介绍如何做卷发、直发、编发等不同的发型，并分享一些易于上手的发型教程和发型产品。

（4）时尚美妆趋势类：主要介绍当前的时尚美妆趋势和流行元素。视频中会分享最新的时尚资讯、流行妆容和流行服饰。

通过这些不同的分类，时尚美妆类短视频可以满足观众对美和时尚的关注与追求，以及对个人形象的提升需求。

例如，抖音平台上的某美妆账号，主要产出美妆相关的实用性内容，目前，该账号已积累了 2013.4 万粉丝，其账号主页如图 1-19 所示。

5. 影视体育类

现在大多数的人生活节奏都很快，很多人可能没有时间去完整地看完一部电视剧或电影，也没有充沛的精力去观看一场完整的电子游戏比赛或体育比赛。在这种情况下，各类剧评剪辑、影评剪辑、游戏解说、体育比赛解说的短视频作品应运而生，使不少用户能够在繁忙的生活间隙，快速了解当下热门的影视作品、游戏和体育比赛。

图 1-19　某美妆抖音账号主页

（1）剧评剪辑：将电视剧中的精华片段进行剪辑，并配以解说或评析，以便让观众在较短的时间内了解作品的核心情节和主题。这类短视频通常会强调作品的故事情节、角色塑造和情感表达。

（2）影评剪辑：对电影的评价和分析，通过简短的视频剪辑和解说的形式，提供创作者对电影的观点和评论。这类短视频可以帮助观众了解影片的主题和审美价值，为观众提供选择参考依据。

（3）游戏解说：对电子游戏进行实时评论和解说，通常由游戏玩家或专业解说员制作。通过解说，观众可以了解游戏的剧情、角色、玩法和技巧等内容，从而能使观众更好地理解和参与游戏。

（4）体育比赛解说：对体育比赛进行实时评论和解说，常见于足球、篮球、网球等各类体育比赛。解说员会解说比赛的过程、战术策略和精彩瞬间，使观众对比赛有更深入的理解，并能强化用户的互动。

这些短视频作品通过对影视剧、电子游戏和体育比赛的剪辑和解说，从而帮助观众在快节奏的生活中迅速了解当下热门的影视作品、游戏和体育比赛，提供便捷的观看体验和娱乐选择。

例如，某影视体育类抖音账号，播主会根据自己的理解和感悟剪辑电影或电视剧的片段，再配上对影视作品的解说，从而收获了 6211.2 万的粉丝，其账号主页如图 1-20 所示。

6. 生活记录类

生活记录类短视频是一种以个人日常生活为主题的视频形式。它通过记录和分享作者

图 1-20　某影视体育类抖音账号主页

的生活经历、日常活动和个人思考等，给观众提供了一个了解他人生活的空间。生活记录类短视频的内容包括以下几类。

（1）日常生活类：通常会记录创作者的日常生活，包括起床、工作、学习、休闲娱乐等。观众可以通过这些记录了解创作者真实的日常生活，同时也可能会找到自己的共鸣点。

（2）旅行经历类：旅行是生活记录类短视频的常见内容之一，创作者通常会分享自己的过往旅行经历、当下的目的地、景点、交通方式、美食体验等。观众通过视频可以感受到不同地方的文化氛围和风景，也能从中获取旅行的参考和灵感。

（3）兴趣爱好类：作者可能会分享自己的兴趣爱好，比如摄影、绘画、音乐、舞蹈等。观众可以通过这些视频了解到作者的才艺展示和创作过程，从中获得相关技巧和启发。

（4）生活观点类：生活记录类短视频也有可能包含作者对一些生活或社会问题的观点和思考。作者可以运用视频来表达自己对于人生、友情、爱情、成长等方面的想法，借此与观众进行情感共鸣和思想交流。

（5）人情类：生活记录类短视频也强调展示生活中的人情味和真实性。作者可能会分享一些家庭聚会、节日庆祝、友情故事等，让观众感受到现实中存在的温暖和真挚的人际关系。

通过分享个人生活经历、活动和思考，生活记录类短视频给观众提供了一扇接触他人生活的窗口，让大家能够互相倾听、分享和交流，借此带来共鸣和启发。

7. 才艺表演类

才艺表演类短视频有很多种类，以下是一些常见内容分类。

（1）乐器演奏：小提琴、钢琴、吉他、古筝等乐器的演奏。

（2）舞蹈表演：街舞、民族舞、现代舞、芭蕾等舞蹈的展示。

（3）魔术表演：神奇的魔术表演。

（4）异国风情：模仿各国特色的舞蹈与音乐，呈现出异国风情。

（5）武术表演：形意拳、太极拳、空手道、剑术等武术的展示。

（6）歌唱表演：翻唱流行歌曲，演唱原创歌曲，展示自己的歌唱实力。

（7）杂技表演：各种惊险、高难度的杂技表演，如空中飞人、空中倒立等。

（8）戏剧表演：小品、相声、话剧等戏剧表演，展示出自身的天赋和演技。

（9）书法绘画：用毛笔或硬笔书写或绘制字画等。

（10）科技展示：通过 DIY 的科学实验或机械装置等展示创作者对科技的热爱和独特才能。

以上只是一些常见的才艺表演类短视频内容，实际上这类短视频的内容因人而异，可以根据个人的特长和兴趣进行探索和创作。

短视频的内容类型远不止上述 7 种，还有卡通动漫类、开箱测评类、萌宠萌宝类，等等。运营者可结合账号定位及自己所长来选择合适的短视频内容创作方向。

## 课后练习——列举常见的五大短视频平台并简述其特点

短视频平台多不胜数，创作者可选择当下用户数量较大的平台来深耕。就目前而言，用户较多的短视频平台主要包括抖音、快手、B站、小红书、微信视频号，这些平台各有特点，下面分别进行介绍。

### 1. 抖音

抖音是由北京字节跳动科技有限（以下简称"字节跳动"）公司开发的一款音乐创意短视频社交软件。抖音以其独特的推荐算法和用户友好的界面设计吸引了大量的用户。它提供了丰富多样的音乐和特效模板，使用户能够轻松制作出具有创意和个性的短视频。同时，用户可以通过点赞、评论和分享等方式与其他用户互动，增加了社交性。抖音的直播功能也吸引了不少商家通过直播与用户互动，用以展示产品或推广活动。

根据公开报告，截至 2021 年第三季度，抖音的月活跃用户数量已经达到了 9.15 亿。这个数字总共包括了抖音的海外版（TikTok）和中国版（抖音）的用户量。抖音是全球范围内最受欢迎的短视频应用之一，它的用户量在过去几年中持续增长。

下面是抖音的商城界面以及短视频播放界面，如图 1-21 所示。

图 1-21　抖音的商城界面以及首页短视频推荐页面

抖音的发展历程如下:

- 2016年9月,字节跳动推出了抖音这个产品,旨在为用户提供一个能够快速制作和分享创意短视频的平台。
- 2017年1月,抖音正式上线,并在短时间内迅速赢得用户的青睐,成为中国市场上最受欢迎的短视频应用之一。
- 2017年5月,抖音推出了"抖音火山版",针对特定群体推出了不同的内容和功能。
- 2017年11月,抖音进军海外市场,推出了国际版,名为TikTok,用户数随即在全球范围内迅速增长。
- 2018年6月,字节跳动宣布将旗下的一款音乐社交应用Musical.ly合并到抖音,进一步扩大了其用户规模和影响力。
- 2019年8月,抖音推出了"抖音国际版",将TikTok和抖音合并为一个应用,全球范围内的用户可以享受相似的短视频体验。
- 2020年,抖音继续在全球范围内快速扩张,成为了一款备受喜爱的社交媒体应用,拥有数亿用户,并且影响力持续增长。
- 2021年,抖音进一步拓展电商业务,并推出"抖音星图",为创作者提供更多内容创作工具和机会,抖音用户超过10亿大关。
- 2022年,抖音推出电脑版客户端,并继续深化算法优化,拓展国际化业务,为用户提供更加安全、健康、有价值的平台。
- 2023年,为了应对竞争压力,抖音积极探索新的商业模式,如短视频电商、内容付费等。

总体来说,抖音通过创意短视频和音乐社交的结合,在短时间内取得了巨大的成功,并且成为了全球范围内短视频市场的领军者之一。

抖音平台具有以下特点。

(1)创意短视频:抖音是以制作和分享短视频为主要特点的应用。用户可以通过抖音制作出具有创意和个性的短视频,展示自己的才艺、生活、旅行等内容。

(2)音乐元素:抖音与音乐紧密结合,用户可以选择并添加自己喜欢的音乐作为背景音乐,从而为视频增添更多情感和表达形式。

(3)个性化推荐:抖音的推荐算法十分强大,可根据用户的兴趣和行为习惯,为用户提供个性化的视频推荐。用户可以在首页看到和自己兴趣相关的视频,提高了视频内容的观赏性和用户的参与度。

(4)社交互动:作为一个社交平台,用户可以在抖音上互相关注、点赞、评论和发送私信。通过与其他用户进行互动、交流和分享,增加了用户社交互动的乐趣。

(5)内容创作:抖音可以让普通用户变成内容创作者,用户可以通过自己的创作才能在抖音上展示自己,并获得一定的关注和认可。

（6）实时直播：抖音提供了实时直播功能，用户可以通过直播表达自己、分享生活、与粉丝互动。

（7）群组聊天：抖音还提供了群组聊天功能，用户可以加入不同的群组，与其他兴趣相同的用户进行交流和互动。

综上所述，抖音平台具有创意短视频、音乐元素、个性化推荐、社交互动、内容创作、实时直播和群组聊天等特点，为用户提供了一个多元化、互动性强的社交娱乐平台。

### 2. 快手

快手是由北京快手技术有限公司开发的一款短视频应用软件。该公司成立于 2011 年，最初运营的是一个以拍摄和分享照片为主要功能的社交平台。

2013 年，快手推出了一项视频功能，允许用户录制和分享 15 秒的短视频。随着短视频的流行，用户数量快速增长。

2016 年，快手改变了策略，从个人用户向内容创作者和媒体机构转变，开始与电视台和影视制作公司合作，引入更多专业的内容。快手也与许多明星签约合作，增加了平台的知名度。

2018 年，快手已经成为全球最大的短视频平台之一，每天有数亿用户在快手上观看和发布短视频。快手也开始扩展海外市场，积极拓展国际用户群。

根据公开报告，截至 2021 年第三季度，快手的月活跃用户数量已经达到了 4.89 亿。这个数字包括了快手在全球范围内的总用户量。快手的用户量持续增长，并且在中国市场上有着广泛的受众。

快手的首页界面如图 1-22 所示。

作为一款短视频应用软件，快手具有以下特点。

（1）用户量大：快手在全国各地拥有庞大的用户基数，用户覆盖范围广泛。这意味着商家可以通过快手将商品信息传递给大量潜在客户，提升商品曝光度和销售量。

（2）真实的生活记录：快手用户可以通过照片和短视频记录生活的方方面面，展示自己的生活方式、兴趣爱好等，这使得商家可以从不同的角度展示商品，并与用户建立更加贴近生活的连接。

（3）直播互动：利用快手提供的直播功能，用户可以通过直播与粉丝实时互动，分享商品使用心得、解答用户疑问等。这种即时互动能够增加用户对商品的信任感，同时也提供了更好的销售机会。

（4）优质电商客户资源：由于快手用户对新事物的接受度较强，他们对于电商产品也有很高的接受度。这

图 1-22　快手的首页界面

使得快手成为吸引电商商家的热门平台，商家可以通过快手获得很多优质的电商客户。

总体来说，快手作为一款短视频应用软件，具有庞大的用户基数和用户接受度高的特点，吸引了很多电商商家的入驻。商家可以通过分享视频、直播卖货等操作，将商品推广给快手的用户，提升商品曝光度和销售量。

### 3. B站

哔哩哔哩（Bilibili，简称"B站"）是由上海幻电信息科技有限公司开发的一个弹幕视频分享网站。公司成立于2009年，早期内容专注于以ACG（动画、漫画、游戏）领域，提供在线视频和社区平台。随着用户基础的扩大和内容的丰富，B站成为中国最大的二次元（亚文化圈）视频分享网站之一，并于2018年在美国纳斯达克股票交易所上市。B站提供了在线观看、评论互动、弹幕等功能，吸引了大批ACG爱好者和创作者。近年来，平台内容也逐渐扩展到音乐、娱乐、科技等其他领域，成为多元化的视频分享社区。

B站是一个以ACG（动画、漫画、游戏）为主题的在线视频平台，其主要特点如下。

（1）弹幕评论：B站是最早引入弹幕评论系统的在线视频平台之一。用户可以在观看视频时，将个人评论以滚动、悬浮等形式发送到视频播放区域，与其他观众实时互动。

（2）ACG文化社区：B站形成了一个聚集了大量ACG爱好者的社区。用户可以在平台上发布、分享自己的绘画作品、动画、漫画、游戏等内容，与其他用户进行交流和互动。

（3）UP主文化：在B站，优秀内容创作者被称为"UP主"，他们往往通过上传原创视频或在游戏、动漫等领域进行内容创作，建立起自己的粉丝群体。

（4）分区系统：B站按照不同内容主题进行了丰富的分区，主要包括番剧、动画、音乐、舞蹈、游戏、科技等，帮助用户快速找到自己喜欢的内容。

（5）高清视频和正版资源：B站提供高质量的视频播放服务，同时也积极与版权方合作，为用户提供正版的ACG内容。

（6）社交互动：B站鼓励用户之间的互动和交流，推出了点赞、收藏、关注等功能，用户可以关注自己感兴趣的UP主，与其他用户分享喜好和评论。

这些特点使得B站成为了一个独特的ACG文化社区和在线视频平台，吸引了大量ACG爱好者和原创内容创作者。

### 4. 小红书

小红书是由上海途牛网络科技有限公司开发的一个网络购物与社交平台。小红书客户端于2013年创立，最初以旅游为主题。随着用户需求的变化，小红书逐渐转型成为一个以时尚、美妆、生活为主题的社区分享平台。

在小红书上，用户可以分享和发现关于美妆、时尚、健康、旅行、美食等领域的购物心得、生活经验和推荐商品。平台提供了社交化的功能，用户可以关注其他用户、点赞、评论和收藏内容。

截至 2021 年，小红书已经成为中国最大的社区分享电商平台之一，拥有数亿用户。该平台也在国际市场上取得了一定的成就，吸引了一些海外用户。小红书致力于为用户提供优质的生活信息和购物推荐，力图打造一个社交化、有趣的生活方式社区。

如今的小红书已经是一个生活方式平台和消费决策入口。根据千瓜数据独家推出的《2021 小红书活跃用户画像趋势报告》称，小红书的月活跃用户已经超过 1 亿，用户在平台上分享文字、图片、视频笔记，记录他们的美好生活。该报告还显示，2020 年小红书的笔记发布量接近 3 亿条，每天产生超过 100 亿次的笔记曝光。

对于新媒体运营而言，小红书结合了电商和微博的内容型营销方式。只要能够产出优质的内容，传播效果可能会超出预期。在小红书上，用户可以在创建账号后发布图文和视频的笔记内容，与其他用户互动和分享。

通过小红书这个平台，用户可以了解不同领域的产品、美妆技巧、旅行经验等，从而做出更好的消费决策。同时，品牌和商家也能够利用小红书的社区效应和内容推广，将产品和服务推荐给用户，提升知名度和销售业绩。

小红书作为一个社交电商平台，具有以下主要特点。

（1）社区分享：小红书以社区形式存在，用户可以在平台上分享生活经验、购物心得、美妆技巧、旅行攻略等内容，并与其他用户进行互动和交流。

（2）社交网络：小红书注重用户之间的社交互动，用户可以关注其他用户、点赞、评论和私信，形成一个社交网络。这种社交性质的平台特点，增强了用户与用户之间的关联与互动。

（3）电商元素：小红书结合了社交和电商的特点，用户可以在平台上浏览和购买他们感兴趣的产品。平台上的推荐和评价对于用户的购物决策具有重要影响。

（4）品牌合作：小红书与众多品牌和商家合作，为用户提供优惠活动、限时折扣、新品推荐等。品牌和商家可以通过在平台上展示产品和发布推广活动，增加知名度和销售量。

（5）用户引导：小红书通过个性化的推荐算法和用户画像，为用户提供感兴趣的内容和产品推荐。用户可以根据平台上的评价和推荐，做出更好的购物和消费决策。

（6）用户洞察：小红书通过大数据分析，了解用户的偏好和消费行为，对品牌和商家提供有价值的洞察和市场研究。

这些特点使得小红书成为一个独特的社交电商平台，在用户购物决策和品牌推广方面发挥了重要的作用。

### 5. 微信视频号

微信是腾讯推出的一款社交媒体应用软件，而微信视频号是微信在 2021 年推出的一个新功能，旨在为用户提供更多与视频内容相关的功能和体验。微信视频号允许用户通过微信平台发布、观看和分享短视频内容，同时还提供了互动评论、点赞等功能。作为腾讯的旗舰产品之一，微信已经成为全球最大的即时通信和社交媒体平台之一，在中国拥有庞大的用户基础。微信视频号的推出，进一步丰富了微信平台的功能，提供了更加多样化的内容体验。

视频号的入口非常好找，微信用户可直接从微信的发现页面，点按"视频号"选项，进入视频号，如图1-23所示。进入视频号后，可以观看"推荐""朋友""关注"选项下的视频内容，如图1-24所示。

图1-23　微信"发现"页面

图1-24　视频号页面

以下是视频号平台的一些特点。

（1）视频创作和分享：视频号平台允许用户通过上传、录制和编辑视频来展示自己的创作才华和分享内容。用户可以发布各种类型的视频，包括日常生活、旅行、美食、教程、娱乐等。

（2）社交互动：视频号平台提供评论、点赞和转发等社交互动功能，让用户能够与其他用户进行互动和内容交流。用户可以评论、@他人并与粉丝建立联系。

（3）个性化推荐：视频号平台通过算法分析用户的兴趣和行为，推荐与用户兴趣相符的视频内容，使用户更容易发现感兴趣的内容和创作者。

（4）创作者培养：视频号平台鼓励用户成为创作者，并提供一系列工具和功能来支持创作。平台也致力于培养和发现优秀的创作者，并为他们提供更多展示和发展的机会。

（5）广告和商业合作：视频号平台为品牌和广告主提供合作机会，他们可以与创作者进行合作，在视频内容中进行品牌推广和广告投放。这为创作者提供了盈利的机会。

（6）数据统计和分析：视频号平台提供数据统计和分析的工具，让创作者和品牌可以了解视频的表现，包括观看量、互动指标等，以便进行优化和策划。

这些特点使视频号平台成为创作者展示才华、用户发现新内容和品牌推广产品的重要平台。

# 项目 2　短视频拍摄的基本流程

学习目标

- 了解组建拍摄团队的关键。
- 掌握制订拍摄计划的步骤。
- 掌握准备拍摄器材的要点。
- 掌握选择拍摄场地的要点。
- 掌握拍摄视频素材的要点。

俗话说："磨刀不误砍柴工"，在拍摄短视频之前，做好拍摄前的准备工作，有利于后续的拍摄工作顺利开展，所以大家有必要先了解短视频拍摄的基本流程，熟悉短视频拍摄的器材，做好拍摄前的准备工作。

拍摄短视频不是拿起手机一阵乱拍即可，需要提前组建拍摄团队，根据主题制订拍摄计划，购买拍摄器材、搭建摄影棚，等等。短视频的拍摄步骤主要包括组建拍摄团队、制订拍摄计划、准备拍摄器材和拍摄视频素材。

# 任务 2.1　组建拍摄团队

一个成熟的短视频拍摄团队通常需要以下几个关键人员。

1. 制片人

短视频制片人是短视频项目的组织者和执行者，他们负责整个制作过程，从项目的策划阶段到最终的发布和推广阶段。以下是短视频制片人的具体工作职责和工作内容。

（1）策划和预算：协助客户或相关方制定短视频项目的策划方案，确定视频的主题、目标受众和传达的信息。同时，制片人还负责制定项目的预算，包括拍摄与后期制作费用、团队报酬和推广费用等。

（2）团队招募和管理：制片人负责招募相关剧组成员，并与之进行联系，这些人员包括导演、编剧、摄影师、剪辑师、音频师等。制片人在团队招募和管理方面扮演着重要的角色，应确保协调各个部门，使整个团队高效运作。

（3）场地和设备准备：制片人负责确定适合拍摄项目的合适场地，并与相关方协调进行场地预订。此外，制片人还需要确保所需的摄影、灯光和音频等设备。

（4）拍摄和指导：在拍摄现场，制片人充当着导演的角色，负责协调和指导拍摄过程，确保拍摄效果符合预期。他们会与摄影师、灯光师和音频师等人一道合作，确保短视频的镜头、光线和音质都符合要求。

（5）后期制作：制片人也参与短视频的后期制作过程，负责与剪辑师、配乐师和特效师等合作，协调完成剪辑、音频处理、配乐、特效等工作。他们确保短视频的后期制作质量与计划一致。

（6）联络和协调：制片人要与项目的各方进行密切的沟通和协调，包括与客户、演员、供应商和其他合作伙伴的联系。制片人需要确保他们有充分的资源和条件以顺利完成项目。

（7）质量控制和项目管理：制片人负责质量控制，确保短视频的制作在时间和预算方面都得以控制。他们应监督每个制作阶段的进展，并采取必要的措施来解决问题和保持项目的正常运作。

（8）营销和推广：制片人应与营销团队合作，设计和执行短视频的营销和推广策略。同时要确保影片在适当的渠道上发布和推广，并提高短视频的曝光度和影响力。

（9）持续学习和发展：作为短视频制片人，不断学习新的制作技术和趋势是非常重要的。需要了解行业最新发展，并持续提升自己的专业能力和知识储备。

总体来说，短视频制片人是一个综合性的角色，需要在项目的所有方面进行协调和管理。需要具备组织能力、团队协作能力、沟通能力和项目管理能力，以确保短视频项目的顺利进行和最终的成功完成。

## 2. 导演

短视频导演是负责指导和管理短视频制作的专业人员，在整个制作过程中扮演着重要的角色，从创意开始到最终的后期制作，都需要他们的参与和指导。以下是短视频导演的具体工作职责和工作内容。

（1）制定创作方向：短视频导演负责与客户或制片方沟通，了解对方的需求和目标。根据这些要求制定创作方向，包括故事概念、视觉风格、节奏感等。

（2）制订拍摄计划：根据短视频的内容和创作方向制订拍摄计划，这包括选择拍摄地点、制定拍摄时间表、确定所需的摄影设备和团队成员等。

（3）指导演员表演：与演员一起工作，提供指导并确保他们能够按照预定的角色和情感表演，还要确保演员的表演风格与故事和创作方向相一致。

（4）指导摄影师：与摄影师合作，共同确定合适的摄像机角度、镜头运动和画面构图等，确保拍摄效果符合预期。还负责监督每个镜头的质量和合成，确保制作出高质量的画面。

（5）监督后期制作：在拍摄完成后，还需要参与后期制作的工作，这包括选择和剪辑素材、配乐、特效等。另外还需要与剪辑师、音频师和特效师等专业人员密切合作，确保最终的制作效果符合预期。

（6）团队管理：通常需要组建一支制作团队，包括摄影师、剪辑师、音频师等。需要对团队成员进行管理和指导，确保其能按时完成任务，并保证整个制作过程的顺利进行。

（7）协调沟通：需要与客户、制片方和其他相关部门进行沟通，确保顺利进行制作过程中的各项事务，比如提供进展报告、解答疑问、协商预算和时间安排等。

总体来说，短视频导演的工作内容涵盖了整个短视频制作过程的方方面面，包括创意发展、指导演员和摄影师、监督后期制作等，其工作职责是确保短视频的质量和效果符合预期，并在制作过程中协调和管理团队以达到最佳效果。

## 3. 编剧

短视频编剧是负责短视频剧本创作和故事构建的关键角色，其工作涵盖了整个短视频制作过程的故事发展、角色塑造、对白和情节编写等，具体工作职责和工作内容主要包括以下几个方面。

（1）编写剧本：根据短视频的题材和目标受众编写剧本，需要通过故事情节、对话对剧情进行构思和安排，以吸引观众的注意力并传达想要表达的信息。

（2）确定角色设定：需要创造和发展短视频中的角色，包括主角和配角。需要为每个角色设定性格、特点和行为目标，并通过角色之间的互动推进故事进展。

（3）情节设计和故事结构：负责设计短视频的整体情节和故事结构，需要确定故事的起承转合，并在情节中设定关键事件，以保持观众的兴趣和紧张感。

（4）研究文化和时代背景：需要研究内容的文化和时代背景，确保故事情节和角色设定与背景相符合，使观众产生共鸣。

（5）视频时长和节奏控制：应根据制定的短视频时长要求，合理控制故事节奏和情节进展。要在有限的时间内充分展示故事发展和角色情感变化，使短视频具备连贯性和感染力。

（6）合作与沟通：经常需要与导演、制片人和创意团队其他成员进行合作和沟通。需要与团队成员协商剧本内容，接受众人的反馈和建议，并根据实际情况进行调整。

（7）持续学习和创新：需要与时俱进，不断学习新的创作技巧和讲述方式。要保持创新思维，寻找新的观点和表达方式，以吸引观众并保持竞争力。

总体来说，短视频编剧的工作是将观众的需求和创意团队的要求结合起来，通过创作精彩的剧本和情节，实现短视频的艺术表达和传播效果。

4. 摄影师

短视频摄影师是负责拍摄的专业人士，其职责和工作内容主要包括以下几个方面。

（1）拍摄策划：需要与团队成员合作，参与拍摄策划。与导演、编剧和制片人讨论剧本和故事情节，确定拍摄地点、场景和角色安排等。

（2）摄影器材准备：需要熟悉并选择合适的摄影器材，包括摄影机、镜头、灯光、三脚架等。要确保器材的正常运行，并准备好备用器材。

（3）摄影技术操作：需要具备扎实的摄影技术和操作技能，熟悉摄影机的各种功能和设置，掌握合适的曝光、对焦和白平衡等技术要点，以实现高质量的拍摄。

（4）影片构图和镜头运动：应根据剧本和故事情节，结合创意和审美要求，提供合适的影片构图和镜头运动。需要在拍摄过程中选择不同的角度、镜头和运动方式，以突出故事要素和表达情感。

（5）灯光设计和设置：负责短视频的灯光设计和设置，要根据不同场景和故事要求，合理安排灯光的明暗、色温和照明方向，以营造出适合剧情和情感的氛围。

（6）现场指导和协调：在拍摄现场起着重要的指导和协调作用。需要与导演、演员和其他摄制团队成员密切合作，指导演员的表演，调整场景布置和机位角度，保证拍摄过程顺利进行。

（7）后期处理和编辑：可能还要负责影片的后期处理和编辑工作。他们需要对拍摄材料进行筛选、剪辑，以达到良好的视觉和叙述效果。

总体来说，短视频摄影师的工作是通过选择合适的摄影器材，运用专业的摄影技术和创意，实现短视频的高质量拍摄和视觉呈现。需要在导演的指导下，将剧本、角色和故事情节通过影像方式生动呈现出来。

5. 剪辑师

短视频剪辑师是负责短视频后期制作中剪辑和编辑工作的关键角色，其工作涵盖了整个剪辑流程，包括素材选择、剪辑、音效处理、特效添加等。短视频剪辑师的职责和工作内容主要包括以下几个方面。

（1）剪辑策划：与导演、编剧和摄影师等团队成员一起进行剪辑策划，了解剧本和故事要求，确定剪辑风格和节奏。要理解故事发展和情感表达，提出剪辑构思和创意。

（2）剪辑软件操作：需要熟练掌握专业的剪辑软件，如 Adobe Premiere Pro、Final Cut Pro 等。利用剪辑软件的各种功能和工具，导入、整理、剪辑和调整拍摄材料。

（3）材料筛选：负责从大量的拍摄素材中筛选出最佳的片段。根据剧情需要和艺术要求，选择具有代表性、戏剧性和视觉吸引力的镜头。

（4）剧情拼接和串联：根据剧本和故事要求，将不同的镜头和片段进行拼接和串联，构建剧情发展的逻辑和节奏感。合理安排场景转换和镜头切换，保持观众的关注度和紧张感。

（5）视频效果处理：使用视频特效和调色技术，增加短视频的观赏性。调整色彩与对比度、添加过渡效果、调整速度和重影等，增强画面的感染力和视觉效果。

（6）音频处理和音效配准：需要进行音频处理，确保音频的清晰度和逻辑合理性。调整音量、音色和平衡，并添加适当的音效和音乐，为短视频增加氛围和情感表达。

（7）质量控制和输出：需要检查最终的剪辑结果，确保质量和一致性。导出的视频应具有合适的格式和分辨率，以满足不同平台和渠道的发布要求。

（8）艺术指导和沟通：与导演、制片人和其他创意团队成员进行沟通和讨论，理解他们的要求和意图。咨询导演的创意和视觉风格，进行艺术指导和调整，实现剧本和故事情节的最佳呈现效果。

总体来说，短视频剪辑师的职责是将拍摄素材剪辑成具有逻辑、节奏感和艺术性的短视频作品，需要具备艺术审美、技术操作和沟通协作能力，实现短视频的剧情表达和视觉效果。

6. 美术指导

负责影片的美术设计，包括场景布置、服装造型和道具选择等，使得影片视觉效果出众，其工作要求包括以下几个方面。

（1）视觉风格规划：需要与导演或客户合作，确定短视频的整体视觉风格和创意方向。通过视觉研究和参考素材，提出具体的视觉设计方案和风格指导。

（2）美术设计：在确定视觉风格后，带领美术团队进行具体的美术设计工作。这可能包括场景设计、角色设计、道具设计、图形设计等。监督和指导美术团队的工作，确保设计符合视觉风格要求。

（3）色彩规划：与调色师合作，确定短视频的色彩调性和配色方案。根据故事情节、情绪表达等因素，选择合适的色彩组合，以增强短视频的视觉冲击力和情感表达效果。

（4）美术指导并管理制作团队：在短视频制作过程中，负责组织和管理美术团队的工作。需要确保制作进度和质量，并与其他创作团队协调合作，确保整体的创作一致性。

（5）特效和后期处理：可能会与特效团队合作，确定短视频需要的特效和后期处理效果，并确保这些效果与整体视觉风格相匹配。

总体来说，短视频美术指导负责确保短视频的视觉表现力和创意水平，在视觉设计、美术规划和制作管理等方面发挥重要作用。需要有创意思维、艺术见解和团队合作能力，以完成优秀的短视频作品。

7. 录音师

短视频录音师负责记录影片的音频，包括对话和背景音乐，确保音频的质量和清晰度，其工作内容主要包括以下几个方面。

（1）录音设备准备：需要根据拍摄需求和录音环境选择合适的录音设备，包括麦克风、录音机、录音软件等，确保作品的声音质量。

（2）录音预设：在开始录音之前准备好录音预设。这包括设置录音设备的参数，如音量、采样率、位深等，以确保录音达到所需的声音效果。

（3）实地录音：在拍摄现场进行实时录音，负责捕捉演员的音频表演、现场音效和环境声音。需要根据具体情况，使用不同的麦克风和录制技巧，以确保录音质量清晰、真实。

（4）合成录音：可能需要合成和编辑不同的声音元素，如音效、背景音乐、配乐等。使用专业的音频编辑软件，对录音进行剪辑、混音以及加入音效等后期处理。

（5）音频解析与修复：对录音进行分析和修复，如消除噪声、改善音质、增强声音等。使用音频处理软件进行音频后期处理，以改善声音的品质和逼真度。

（6）音频导出与整合：将处理好的音频导出为适当的格式，以便于与剪辑师的工作成果进行整合。需要提供适当的音频格式和参数指导，以确保音频在不同的平台和设备上的播放效果和兼容性。

除了以上工作，录音师还需要与导演、制片人、音乐指导和剪辑师等团队成员紧密合作，确保音频与整体创作风格和需求一致。需要按时完成工作，并对工作的质量和效果负责。

通常来说，这些人员组成了一支基本的短视频拍摄团队。根据项目的需求和预算情况，还可以增加其他的角色，如化妆师、灯光师、助理摄影师等。重要的是要确保团队成员有相应的专业能力和能够良好的协作配合，以确保最终影片的质量和完成时间。

# 任务 2.2　制订拍摄计划

在短视频拍摄之前，最好要制订拍摄计划，然后大体上按照拍摄计划进行。特别在编写脚本、寻找演员方面，必须要提前做好准备。

制订短视频拍摄计划需要考虑以下几个方面。

（1）主题和目标：确定短视频的主题和目标，例如宣传产品、展示技能、分享旅行经历等。明确了短视频的内容，观众才能一目了然。

（2）时间长度：确定短视频的时间长度，通常在几十秒到几分钟之间。要考虑观众的注意力和短视频平台的上传限制。

（3）剧本和故事情节：编写短视频的剧本和故事情节，包括起承转合、角色构建、情节发展等，用故事性的元素吸引观众。

（4）场景和拍摄地点：选择合适的场景和拍摄地点，根据剧本需要考虑不同的环境和背景，例如室内、室外、城市、自然环境等。

（5）拍摄设备准备：根据拍摄需要准备合适的设备，包括摄像机、手机、麦克风、三脚架等，确保视频画质和声音质量的要求。

（6）拍摄角度和镜头运动：考虑不同的拍摄角度和镜头变换来增强视觉效果。可以运用稳定器、跟焦等设备来实现流畅的镜头运动。

（7）拍摄时间安排：根据场景和剧情需要，合理安排拍摄的时间，包括日出、黄昏等特定时段，以获取更好的光线和氛围。

（8）演员安排：根据剧本需要选择适合的主角和配角，他们的表演将直接影响短视频的效果，所以一定要做好演员的指导和协调工作。

（9）后期制作规划：主要包括剪辑、配乐、特效等，要保持短视频的整体风格和一致性。

（10）拍摄预算：对拍摄过程中的费用和其他资源进行评估，确保在预算范围内完成拍摄和制作工作。

（11）宣传和发布计划：制定短视频的宣传和发布计划，选择合适的平台和时机来发布。可以考虑配合其他社交媒体的推广和宣传，提高曝光度。

以上是制订短视频拍摄计划的一些要点，具体的计划可以根据实际情况进行调整和补充。

# 任务 2.3　准备拍摄器材

"工欲善其事，必先利其器"，没有性能优良的拍摄设备，自然就无法拍出优质的短视频作品。因此，在拍摄之前，要先熟悉拍摄设备，合理进行购置，让拍摄过程变得更加顺利高效。

在拍摄短视频之前，一定要准备好适合的拍摄器材。选择摄影器材的标准在于是否契合所拍摄的短视频，匹配的摄影器材可以让拍摄过程更加顺利。

短视频拍摄时常用的拍摄设备有以下几种。

1. 摄像机

摄像机通常用于高质量的视频拍摄，可以提供更丰富的拍摄控制和拍摄功能。其中，常见的摄像机类型包括广角摄像机、单反相机和专业级电视摄像机等。常见的摄像机品牌有索尼、佳能、松下等，可参考具体需求和预算选择合适的型号。具体来说，摄像机有以下几大类。

1）DSLR 相机

图 2-1　单反相机

DSLR（Digital Single Lens Reflex，数码单反）相机是一种专业级别的数码相机，如图 2-1 所示。它们通过一个反光镜和一个光学取景器来捕捉图像。

DSLR 相机与其他类型的相机相比具有许多优势。

首先，DSLR 相机具有较大的传感器。这意味着它们可以捕捉更多的光线，产生更清晰的图像。较大的传感器还能在低光条件下提供更好的性能，在较昏暗的环境中也可以拍摄出明亮的照片。

其次，DSLR 相机具有可更换镜头的功能，这意味着用户可以根据拍摄需求选择不同类型的镜头。例如，广角镜头适用于风景摄影，长焦镜头适用于远处物体的拍摄。通过更换镜头，可以实现多样化的拍摄效果。

此外，DSLR 相机具有丰富的手动控制选项和创意调节功能。这使得摄影者可以完全控制相机的参数，如快门速度、光圈和 ISO 等，从而可在各种光线和拍摄条件下灵活地创造想要的效果。

最后，DSLR 相机还具有高质量的视频拍摄能力。相对于其他类型相机而言，DSLR 相机通常拥有更多的视频调节选项和更高的视频分辨率。这使得它们成为许多专业摄影师和电影制作人喜爱的工具，适合拍摄专业水准的短视频。

总之，DSLR 相机以其高质量的图像和视频、较大的传感器和可更换镜头的优势，在摄影领域广受欢迎。无论是专业摄影师还是摄影爱好者，DSLR 相机都是追求出色拍摄质量的理想选择。

2）消费级摄像机

消费级摄像机也称为家用摄像机或消费者摄像机，是针对普通家庭用户和非专业摄影师设计的摄像设备。这些摄像机相对于专业摄像机来说价格较为经济实惠，并且具有简单易用的特点，方便用户进行日常拍摄和录制。

以下是一些消费级摄像机的常见特点和功能。

（1）录制质量：消费级摄像机通常能够录制高清视频（1080p）或甚至更高的分辨率，使用户能够捕捉到清晰细腻的画面。

（2）光学变焦：许多消费级摄像机配备了光学变焦功能，使用户可以通过镜头进行远近调节而不会损失画面质量。

（3）数字变焦：除了光学变焦，一些消费级摄像机还提供了数字变焦功能，能够通过图像处理技术放大画面，但可能会导致画质略有损失。

（4）防震技术：为了防止手持拍摄时的抖动和晃动，许多消费级摄像机配备了防震技术，可以减少视频的抖动效果。

（5）存储媒体：消费级摄像机通常采用内置存储或可拆卸存储卡（如 SD 卡或 micro SD 卡）作为主要的储存介质。

（6）触摸屏幕和菜单设置：为了方便用户操作，一些消费级摄像机配备了触摸屏幕并提供直观的菜单设置界面。

（7）录制模式和特效：为了增加拍摄的乐趣和创造力，一些消费级摄像机还提供了多种录制模式和特效，例如延时摄影、动态拍摄和滤镜效果等。

（8）连接和分享功能：现代的消费级摄像机通常具有 Wi-Fi、蓝牙或 NFC 等连接功能，可以方便地与智能手机、电脑或其他设备进行数据传输和分享。

（9）音频效果：消费级摄像机通常具有内置麦克风和扬声器，可以录制和播放音频，也可以通过外接麦克风提供更好的音频效果。

总体而言，消费级摄像机是一种价廉物美的摄影工具，适用于家庭记录、旅行摄影、家庭聚会和个人创作等日常使用场景。

3）专业摄像机

专业摄像机是为满足专业拍摄需求而设计的高性能摄像设备，如图 2-2 所示。专业摄像机的价格相对较高，通常适合专业摄影师或电影制作人使用。它们广泛应用于电影制作、电视广告、纪录片、新闻报道等领域。

图 2-2　专业摄像机

专业摄像机通常具有以下功能与特点。

（1）高画质和图像处理能力：专业摄像机采用较大的传感器和高分辨率，可以捕捉更多的细节和提供更高质量的图像。它们通常配备高质量的图像处理引擎，提供更广阔的色彩空间、更准确的色彩还原和更高的动态范围。

（2）手动控制选项和调节：专业摄像机提供丰富的手动控制选项，如焦距、光圈、快门速度、白平衡等。这样摄影师就可以根据需要精确地控制拍摄参数，并获得更好的画面效果。

（3）镜头选择和可更换性：专业摄像机支持多种镜头选择，包括广角、标准、长焦等不同焦段的镜头。它们通常具备可更换镜头的设计，从而满足不同拍摄需求。

（4）高帧率和慢动作：专业摄像机支持更高的帧率，如 24fps、30fps 甚至更高。这使得摄影师能够捕捉到更多细节，并可实现流畅的慢动作效果。

（5）高质量录制格式和数据率：专业摄像机支持高质量的录制格式，如 RAW 格式或高比特率的编码格式。这些格式能够保留更多原始图像信息，为后期处理提供更大的空间。

除了以上功能，专业摄像机通常还具备其他辅助功能，如稳定器、高清取景器、专业音频接口等，以满足拍摄过程中的各种需求。

专业摄像机广泛应用于电影制作、广告拍摄、纪录片制作、电视节目制作、新闻报道等各个专业领域。它们能够提供高质量的图像和视频，拓宽了专业摄影师和影视制作人的创作空间，为影片制作提供了更多的可能性。

【小提示】在挑选摄像机时，需要考虑以下因素：预算、画质要求、拍摄需求、手动控制选项、镜头的可更换性等。此外，通常还要注意摄像机的重量、便携性和电池寿命等因素，以便灵活地进行拍摄。

无论选择何种摄像机，关键在于熟悉和掌握其功能和操作方法，将其充分发挥，创作出符合要求的精彩短视频作品。

### 2. 手机

图 2-3　手机

随着智能手机的发展，越来越多人选择利用手机进行短视频拍摄。现在的手机摄像头像素高、画质好，配备了多种拍摄模式和特效，可以满足一般短视频的拍摄需求，如图 2-3 所示。

拍摄短视频的手机需要具备以下要求。

（1）摄像头质量：手机需要有高质量的主摄像头，通常是 1200万像素或更高，以获得清晰、细节丰富的图像。

（2）录制分辨率和帧率：手机应支持至少 1080p（全高清）的录制分辨率，以及 30fps 或更高的帧率。更高的分辨率和帧率可以提供更清晰流畅的视频画面。

（3）图像稳定功能：手机应具备图像稳定功能，如光学防抖或电子防抖，可以有效减少手持拍摄时的抖动，保持画面稳定。

（4）音频录制质量：手机需具备高质量的音频录制功能，包括清晰的麦克风和降噪算法，以确保录制的声音清晰，无噪声干扰。

（5）录制格式和编码：手机应支持常见视频格式，如 MP4、MOV 等，以及常用的视频编码格式，如 H.264、H.265 等，以保证视频的兼容性和高质量压缩。

（6）存储空间和可扩展性：手机需要有足够的内存空间来存储视频文件，并最好能支持外部存储卡，方便存储大量的视频素材。

（7）拍摄模式和调节选项：手机应具备多种拍摄模式和调节选项，如专业模式（能够手动调节光圈、快门、ISO 等参数）、美颜模式、慢动作模式等，以满足不同拍摄需求。

（8）后期处理能力：手机应具备良好的后期处理能力，包括丰富的调色、剪辑和特效功能，以便在手机上完成简单的后期处理工作。

需要注意的是，虽然手机的摄像功能已经非常强大，但与专业摄像机相比，仍然存在一些限制，如低光环境下的拍摄质量、操作时的稳定性等。因此，如果追求的是高品质短视频，依然建议选用专业摄像机。

3. 麦克风

麦克风（Microphone）是短视频拍摄中不可或缺的设备之一，它的主要作用是用来捕捉和录制清晰、高质量的音频，如图 2-4 所示。

图 2-4　麦克风

以下是麦克风在短视频拍摄中的作用。

（1）改善音频质量：智能手机等拍摄设备自带的内置麦克风通常无法提供高质量的音频录制，容易受到环境噪声、风声等干扰，而外置麦克风则可以通过专业的拾音技术和降噪功能，提供更清晰、真实的声音质量。

（2）专业音频录制：外置麦克风能够捕捉更广泛的声音范围和细节，使录制的音频更准确自然。对于一些需要专业声音效果的场景，如音乐、旁白、对话等，外置麦克风可以提供更好的录音效果。

（3）消除噪声和背景声音：外置麦克风通常配备降噪功能，可以有效抑制周围的噪声和背景声音，确保录制的音频的清晰度，这对于室外或嘈杂环境中的拍摄场景来说尤为重要。

（4）指向性拾音：不同类型的外置麦克风具有不同的拾音特性，如心形、超心形、双向、全指向等。这些特性使得麦克风可以选择特定的拾音方向，将声音从主要的来源点聚焦，降低周围环境噪声的干扰，提高录音质量。

总之，麦克风在短视频拍摄中起到至关重要的作用，可以提升视频的整体质量。尤其是在专业影视制作、采访、视频博客等需要高质量音频的场景中，外置麦克风都是必不可少的设备。它可以有效改善音频质量、消除噪声、提供专业拾音效果，为短视频创作者带来更好的音频体验。

【小提示】常见的麦克风有无线麦克风、话筒麦克风等，可根据实际需求选择。在手机上拍摄短视频时，通常使用内置麦克风进行录音。手机内置麦克风的位置通常位于机身底部或顶部，用于采集周围的环境声音和用户讲话声音。

4.三脚架和云台

为了保持拍摄画面的稳定，使用三脚架和云台是很有必要的。它们可以帮助摄像机保持平稳和平滑地移动，确保拍摄画面的稳定性。

1）三脚架

三脚架是用来固定和稳定手机或相机的辅助设备。它通常由三条可调节长度的支架和一个支架头组成，如图2-5所示。

拍摄短视频时，三脚架有以下作用。

（1）稳定支撑：可以提供稳定的支撑，避免手持拍摄时出现抖动的情况。保持画面稳定，让观众有更好的观看体验。

（2）精准定位：可以将摄像设备放置在一个固定的位置，使拍摄角度和构图更加精准。可以根据需要自由调整三脚架的高度、角度和方向，从而取得满意的画面效果。

（3）解放双手：摄影师可以更专注于操作摄影设备的其他功能，如调焦、光圈控制等；同时，摄影师也可以利用空闲的双手进行其他的创意操作，如移动道具、掌控拍摄场景等。

（4）引导拍摄：可以用于引导拍摄过程中的运动和动作。通过设定好的位置和角度，摄影师可以自由地引导演员或拍摄对象的移动，实现预定的镜头效果。

（5）多角度拍摄：在一些特殊场景和拍摄需求中，三脚架可以利用不同的高度和角度调整，实现多个镜头视角的拍摄。这样可以增加画面的层次感和视觉效果，丰富短视频的内容和表现力。

综上所述，三脚架在拍摄短视频中具有稳定支撑、精准定位、解放双手、引导拍摄和多角度拍摄等作用。使用三脚架能够提升视频的拍摄质量，使画面稳定、构图精准，为创作者提供更多灵活的拍摄方式和创作空间。

2）云台

云台是用于在水平和垂直方向上调整相机角度和平衡的装置，如图2-6所示。它可以手动或电动来控制相机的移动，使摄影机可以实现平滑运动。云台不仅提供了更为精确和流畅的角度调整，还能够帮助拍摄者轻松实现随动拍摄或运动目标追踪。

图2-5　三脚架

图2-6　云台

云台主要具有以下作用。

（1）防抖稳定：通过使用陀螺仪和电机控制系统来实现防抖稳定功能，有效抵消摄影设备在拍摄过程中的抖动，可以获得更加稳定平滑的画面，提升拍摄的质量和观感。

（2）平滑移动：可以实现平滑的摄影机运动，包括水平、垂直和旋转等方向。它通过电机控制实现流畅且稳定的运动，使镜头能够在拍摄过程中轻松跟踪运动，进行追焦或平移摄像。

（3）多角度拍摄：可以实现多种视角的拍摄。通过控制面板或 App，用户可以自由调整摄影机的角度和方向，实现具有创意的拍摄效果，如俯仰、横移、倾斜等。

（4）各种运动模式：通常会提供多种运动模式，如跟随模式、锁定模式、全景模式等。这些模式可以满足不同拍摄需求，如拍摄行走或跑动中的运动、固定某个目标等。

（5）远程控制：一些云台还具备远程控制的功能，可以通过无线遥控器或手机 App 来控制和调整云台的运动，从而使摄影师可以更灵活地控制拍摄设备，实现更精确的镜头运动。

总体来说，云台能够在视频拍摄中实现稳定防抖、平滑运动和多角度拍摄。通过使用云台，摄影师可以获得更高质量、更流畅且具有创意的视频画面。

【小提示】有些云台和三脚架是集成在一起的，提供了更好的稳定性和操作性。这种组合能够在拍摄时提供更流畅的运动和更准确的调整。它们通常具备更高的承重能力，适用于较重的相机。

使用三脚架和云台可以帮助拍摄短视频时实现更稳定、平滑和专业的拍摄效果。可以根据个人需求选择适合的三脚架和云台组合。

### 5. 灯光设备

在拍摄过程中，合适的灯光非常重要。常见的灯光设备包括辅助灯、柔光灯、背光灯、补光灯等，可根据拍摄场景和需求选择适合的灯光设备。

在拍摄短视频时，适当的灯光设备可以帮助提升画面的效果和质量。以下是一些常见的灯光设备选项。

（1）辅助灯：用来增强主要光源的灯具，常用的有补光灯、背景灯等。补光灯用于填补主要光源照明不足的部分，使被拍摄对象的细节更清晰，避免阴影过重。背景灯则用于照亮拍摄对象后方的背景，增强画面层次感。

（2）柔光灯：通过采用特殊的灯罩或软盒等装置改变灯光的硬度和方向的灯具。柔光灯产生的光线比较柔和，不会产生明显的硬阴影，常用于人物拍摄，能够使肤色更加自然、柔和。柔光灯还可以通过调节灯光的亮度和反射板来控制光线的强弱和柔和程度。

（3）背光灯：用于背景照明，将其放置在被拍摄对象后方或侧方，可以营造出与平面背景分离的效果，增加画面的层次感。

（4）补光灯：用于补充或增强自然光的效果。在光线不足或需要强调特定区域时，可以使用补光灯进行局部照明,以改善画面的明暗分布。某手持补光灯如图2-7所示。

这些灯光设备在视频拍摄中的选择和使用,通常会根据具体的拍摄场景、拍摄对象和拍摄效果的需求而定。同时,灯光摆放的角度和位置还需要根据拍摄要表达的主题和情感进行调整。

### 6. 静物摄影台和柔光箱

静物摄影台是产品拍摄经常用到的重要设备,它主要用来拍摄小型静物商品,便于光线布置和商品摆放。标准的静物摄影台相当于具有透明桌面的桌子,在其上覆盖了半透明的用于扩散光线的大型塑料板,以便于全方位布光照明,可以消除被拍摄物体的投影。静物摄影台有折叠式和非折叠式两种,其桌面的高度能够按照要求进行调节。放置塑料板的支架的角度也可以在一定范围内转动和紧固,以适合不同的拍摄需要,这种做法适应了广告摄影题材多样性的需要。静物摄影台如图2-8所示。

图2-7　手持补光灯

图2-8　静物摄影台

对于一些特别小的商品,如果对背景颜色没有特殊要求,则可以用一个简易的柔光箱就可以解决,简易的柔光箱在网上就可以买到,布光也十分灵活,还可以折叠起来,携带方便。便携式简易柔光箱如图2-9所示。

### 7. 转轮

在拍摄短视频时,转轮(也称为滑轮)是一种常用的摄影装置,可用于实现平稳移动镜头的效果,如图2-10所示。它可以帮助摄影师创造出流畅、优雅的视觉效果,增加视频的动感和吸引力。

图2-9　便携式简易柔光箱

图2-10　转轮

转轮的功能与作用如下。

（1）平滑移动：转轮是一种装有轮子的平台，可以放置相机或摄影机，通过滑轮或轨道来实现平稳的水平、垂直或斜向的移动。这种平滑的移动效果可以使镜头跟随被拍摄物体或场景，带来一种流畅、优雅的视觉体验。

（2）视觉动感增强：转轮能够在拍摄中添加动感元素。通过在转轮上使用不同的速度和运动路径，摄影师可以实现更加生动活泼的镜头移动效果。例如，快速移动可以表现出紧张、激烈的氛围，而缓慢移动则可以凸显出某个重要细节或平静的氛围。

（3）提升视觉吸引力：转轮的运动能够吸引观众的注意力，使视频更加吸引人。通过巧妙地运用转轮移动，摄影师可以为画面增添层次感，维持观众的兴趣，并给观众带来更丰富的视觉体验。

在使用转轮时，摄影师需要注意掌握好力度和速度，保持移动的稳定性，并结合拍摄主题和要传达的情感，创造出令人印象深刻的镜头移动效果。

【小提示】使用转轮时，为获得成功的效果，保持动作平稳和一致性非常重要。此外，选择转轮时，质量、稳定性、可调节性和携带便利性等也是关键因素。根据实际需求和预算，可以选择手动或电动转轮，以满足拍摄需求。

### 8. 其他辅助设备

根据拍摄需求，还可能用到其他辅助设备，如稳定器、特效镜头、遮光板等，以增加视觉效果和创意元素。

选择合适的拍摄设备取决于预算、拍摄需求、技术水平和个人偏好等因素。重要的是根据实际情况评估所需设备的性能和功能，以满足短视频的拍摄要求。

#### 1）遮光板

拍摄短视频时，遮光板是一种常用的灯光控制工具，用于调节或屏蔽光线，以达到更理想的拍摄效果，如图 2-11 所示。

以下是一些常见的遮光板选项。

（1）黑色遮光板：黑色遮光板能有效地吸收光线，用于控制光源或阻挡不需要的光线进入镜头。适用于控制阴影或修剪画面。

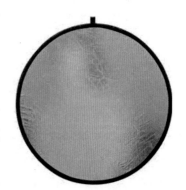

图 2-11　遮光板

（2）白色遮光板：白色遮光板可以用来反射光线，以柔化或扩散光线，使照明更均匀。它也可以用作反光板来增加画面的亮度。

（3）银色遮光板：银色遮光板具有较高的反射率，可以增加照明的亮度和对比度。适用于需要强烈光线反射效果的场景。

（4）减光遮光板：减光遮光板是一种能够降低光线强度的遮光工具，适用于光线过于明亮的环境，可以减少镜头曝光过度或产生过多阴影。

（5）网格遮光板：网格遮光板是一种具有定向光线效果的遮光工具，可以控制光线的方向和投射范围，创造出特殊的照明效果。

除了上述的选择外，还可以使用可调节的折叠遮光板，这种遮光板通常包含多种颜色和表面选项，便于根据实际需要进行调整。

使用遮光板时，需要将其放置在需要控制光线的位置，并通过调整位置和角度来达到理想的效果。合理地使用遮光板，可以帮助摄影师更好地控制光线，实现所需的照明效果，并提升短视频的视觉质量。

2）反光板

反光板是一种常用的摄影辅助器材，反光板可以利用光的反射调节照明条件，提供适当的光线补充和影调调整，使拍摄对象更加明亮和清晰，如图 2-12 所示。

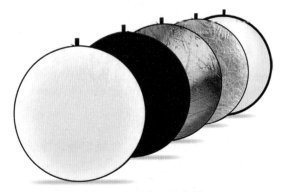

图 2-12　五合一反光板

反光板的主要功能如下。

（1）填光：在拍摄时，当主体被强光背景所逆光照射时，使用反光板可以反射光线，补充主体前方的阴影部分或者提亮主体底部的局部细节，从而使整体画面更加平衡和明亮。

（2）扩散：反光板可以起到扩散光线的作用，当光线较为强烈或者过于直接时，使用反光板可以将光线扩散，使其更加柔和和均匀，防止过曝或者硬阴影的出现。

（3）反射：反光板可以反射环境中的光线，把光线引导到想要的拍摄角度或者主体表面，从而提高画面的明亮度和细节。

（4）色彩修正：反光板可以具有不同颜色的表面，如白色、银色或者金色等，选择合适的颜色反射面可以对光线进行色彩修正，使主体色彩更加饱满或者调整环境的整体温暖度。

（5）美化效果：反光板的反射作用可以为主体营造出柔和而光洁的反射光，使拍摄的人物或者产品更加立体、有质感，增加画面的层次感和表现力。

在具体的拍摄中，使用反光板时需要注意光线的角度和反射的力度，以及反射板的位置与主体的距离，通过反复尝试和调整，可以充分利用反光板的功能，为拍摄带来更好的效果。

3）自拍杆

拍摄短视频的自拍杆是一种用于在自拍或者拍摄过程中延长拍摄距离并提供更稳定拍摄环境的工具。它通常由杆状的伸缩装置、手机或相机支架以及便携式手柄构成，如图 2-13 所示。

拍摄短视频的自拍杆具有以下作用。

（1）延长拍摄距离：自拍杆能够将手机或相机离拍摄主体拉远，以便捕捉更广阔的环境或者将自己的全身纳入画面中。

（2）提供更稳定的拍摄环境：自拍杆可以在拍摄过程中提供更稳定的支撑，减少因手震或运动引起的画面抖动，使拍摄的视频更加平滑和清晰。

图 2-13　自拍杆

（3）不受限于角度和高度：通过自拍杆的伸缩功能和调节支架角度的设计，可以自由调整拍摄角度和高度，以获得更好的视觉效果。

（4）方便操作：自拍杆通常配有便携式手柄，可以通过按键或者蓝牙遥控器来控制拍摄，使操作更方便快捷。

（5）多功能性：有些自拍杆还具备其他功能，如自拍杆内置的蓝牙音箱、LED 灯光、三脚架底座等，能够满足不同的拍摄需求。

总体来说，拍摄短视频的自拍杆能够延长拍摄距离、提供稳定拍摄环境、调整拍摄角度和高度，方便操作，并具备多功能性，能够帮助拍摄者获得更好的拍摄效果。

4）转盘旋转展台

摄影中的转盘旋转展台是一种专门设计用于拍摄商品、产品或小型物体的摄影工具。它通常由一个平台和一个可旋转的盘组成，可以使物体在拍摄过程中平稳旋转，如图 2-14 所示。

转盘旋转展台的主要作用是展示产品的全貌和多个角度，从而帮助摄影师更好地展示产品的特点和细节。通过将物体放置在转盘上，摄影师可以通过旋转展台来逐渐捕捉各个角度的照片，形成一套完整的产品照片，以供商业宣传、电子商务和广告等用途使用。

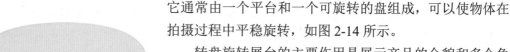

图 2-14　转盘旋转展台

转盘旋转展台的使用场景非常广泛。首先，它经常用于电子商务平台和线上商店，用于拍摄产品照片。无论是衣服、鞋子、手表、珠宝还是电子设备，转盘展台都可以为摄影师提供一个方便、快捷和一致的方式来拍摄商品照片。

其次，转盘旋转展台也被广泛应用于产品广告摄影和目录摄影。通过物体的旋转，可以展示产品的各个细节，吸引消费者的注意力。此外，在工业设计和器械图像拍摄中，转盘旋转展台也可以帮助摄影师准确和方便地捕捉产品的各个角度。

总而言之，转盘旋转展台是一种非常有用的摄影工具，它可以帮助摄影师拍摄到产品的全貌和多个角度，提升产品的展示效果和吸引力，适用于电子商务、广告摄影和目录摄影等各种场景。

5）小型摇臂

小型摇臂如图 2-15 所示。在拍摄的时候使用摇臂能够全方位地拍摄到场景，不会错过任何一个镜头捕捉不到的角落。使用摇臂拍摄，极大地丰富了短视频的视频语言，增加了镜头画面的动感和多元化，给用户带来身临其境的真实感。

小型摇臂是一种用于拍摄短视频的摄影器材，它有如下作用和特点。

（1）提供稳定的拍摄环境：小型摇臂通过固定摄影设备，提供稳定的拍摄环境，减少手持摄影带来的振动和晃动，从而得到更平滑稳定的视频画面。

（2）延长摄影距离：小型摇臂用于将摄影设备远离拍摄者，可以延长摄影距离，扩大拍摄范围，拍摄更广阔的场景。

（3）增加拍摄角度：小型摇臂具有可调节的摇摆角度，可以在固定位置上进行水平、垂直或倾斜的摆动，从而获得不同的拍摄角度和效果。

（4）便于操控：小型摇臂通常配置有人手可操控的手柄，通过手柄操作，可以轻松控制摄影设备的运动和角度调整，提高拍摄的自由度和精确度。

（5）轻巧便携：相较于大型的稳定器或摄影架，小型摇臂通常体积更小，重量更轻，便于携带和使用，适合户外拍摄或移动拍摄。

（6）适用范围广泛：小型摇臂适用于各种摄影设备，如手机、运动相机、微单相机等，可以用于拍摄日常生活、旅行、运动、活动等不同场景的短视频。

需要注意的是，使用小型摇臂进行拍摄时，应注意安全使用，避免操作失误或造成意外。

6）滑轨

滑轨是一种常用的摄影辅助工具，它可以帮助摄影师实现平滑的摄影移动效果，提升影片或照片的视觉吸引力。滑轨如图 2-16 所示。

图 2-15　小型摇臂

图 2-16　滑轨

以下是滑轨的一些功能和用途。

（1）平滑移动：滑轨的主要功能是实现相机的平滑移动，无论是水平、垂直还是斜向。这种平滑移动可以在拍摄视频时产生流畅的镜头移动，或者在拍摄静态照片时添加动态效果。

（2）时间推移效果：通过滑轨的帮助，可以在视频中创建令人惊叹的时间推移效果。通过将相机慢慢移动在滑轨上，拍摄连续的照片或视频，并在后期编辑时将它们合并在一起，可以制作出华丽的时间推移效果，如日出日落、云彩流动等。

（3）追踪拍摄：滑轨也可以用于追踪拍摄。当需要跟随一个运动的主体或拍摄一种沿着曲线运动的场景时，滑轨可以帮助摄影师保持相机的稳定，并平稳地沿着轨道移动，实现准确的追踪效果。

（4）焦点变化：滑轨可以配合焦点变化技术使用。通过在滑轨上移动相机，可以实现焦点从前景到背景的平滑变化，增加照片或视频的动态效果。

（5）景深控制：滑轨还可以协助景深控制。在拍摄时，通过在滑轨上移动相机，可以选择将焦点从近处慢慢切换到远处，实现更好的景深效果。

总体来说，滑轨可以帮助摄影师创造出更具吸引力和专业感的影片和照片。它提供了平滑的移动，时间推移效果，追踪拍摄等功能，为摄影师提供了更多的创作自由和可能性。无论是拍摄专业影片还是个人摄影作品，滑轨都是一个非常有用的工具。

# 任务 2.4　拍摄视频素材

在短视频拍摄的基本流程中，拍摄视频素材是最关键的一步，也是决定短视频质量的前提条件。在一切准备就绪之后，开始拍摄视频素材。在拍摄过程中，注意控制摄影设备的稳定性和平稳地运动。尝试不同的拍摄角度、镜头移动、运动与静止等，以获得多样化和富有创意的素材。

拍摄视频素材时，拍摄人员需要注意以下几点。

（1）策划和准备：在拍摄之前，首先需要对视频进行策划和准备工作。确定拍摄的主题、内容和形式，编写剧本或大纲，并做好相关的调查研究和场地布置等。还需要准备好摄影设备、音频设备、照明设备以及其他可能需要的道具和辅助设备。

（2）场景选择和设置：根据拍摄的主题和要表达的内容，选择合适的场景和背景。确保场景的光线和环境适合拍摄，并进行必要的布置和装饰。

（3）设置摄影设备：将摄影设备（如相机、手机等）放置在合适的位置，并进行必要的调整和设定。这包括设置适当的焦距和光圈，选择合适的画面比例和拍摄模式等。

（4）确保音频质量：如果视频中需要使用音频，需要确保音频的质量。这可能需要借助外部录音设备或调整摄影设备的音频设置。

（5）调整镜头和角度：根据拍摄的需要，调整镜头的焦距和角度，以获得想要的画面效果。这可能涉及移动或调整摄影设备的位置和角度。

（6）拍摄足够的素材：为了后期剪辑和编辑的需要，建议在拍摄过程中拍摄足够的素材。多拍一些不同角度、不同镜头、不同场景的素材,以便在后期选择最佳的。

(7)注意细节和质量:在拍摄过程中要注意细节和质量。确保画面清晰、明亮,并注意背景的整洁和有序。在录制声音的情况下,确保声音清晰、无噪声,并与画面相符。

(8)多次尝试和修改:如果不满意已经拍摄的素材,可以进行多次尝试和修改,直至获得满意的素材。

在这个过程中,需要根据策划和准备的内容和要求,选择合适的场景和摄影设备,并进行合理的设置和调整。拍摄过程中,要注意细节、质量和创意,多拍一些素材,以便在后期剪辑和编辑时有更多的素材可供选择。

## 课堂实训——搭建一个极简摄影棚

摄影棚在场地的选择上没有特别的要求,可以利用闲置的厂房或者空间较足、层高较高的住宅房间进行改造,一个专业的摄影棚,其空间越大越好,层高不低于3米,应包含拍摄区域、化妆区域、道具区域、后期区域、会客区域等,墙面应避免反光,窗帘要能够阻光,不同区域有足够电源插座可用,如图2-17所示。如果要求不高,利用家里的客厅也可改装为简易摄影棚,注意窗帘遮光就行。

图2-17 摄影棚

要搭建一个极简摄影棚,只需要一些基本的工具和材料。下面是一个简单的指导。

1)选择一个合适的场地

选择一个空旷的房间或空间,确保有足够的空间容纳你的摄影设备及满足你所拍摄的主题。在拍摄视频时,对拍摄场地有以下一些要求。

(1)适应主题:拍摄场地需要与你的短视频主题相匹配或呼应。例如,如果你要拍摄户外运动场景，选择一个公园或山脚下的开阔区域可能更合适，而如果你要拍摄时尚或美妆视频，选择一个室内的明亮空间可能更合适。

（2）背景干净整洁：选择一个背景干净整洁的拍摄场地可以避免杂乱的元素分散观众的注意力。确保背景没有令人分心的杂物、垃圾或者其他不相关的物体。

（3）光线情况：光线对于视频拍摄至关重要，因此选择一个光线充足的场地非常重要。尽量选择明亮且均匀分布的自然光，如果必须使用灯光设备，确保它们能够提供适当的照明效果。

（4）音频环境：除了画面，音频的质量也非常重要。避免选择嘈杂的环境，如交通繁忙的街道或嘈杂的公共场所，以免干扰拍摄的音频效果。

（5）合法性和许可证：确保在合法的场地进行拍摄，并获得必要的许可证或权限。某些场地可能需要事先向相关机构申请和获得许可。

（6）实际可行性：考虑拍摄场地的实际可行性，包括场地的可接近性、安全性和设备设施的支持。如果场地不可行或不便于拍摄，可能需要寻找其他替代场所。

（7）创意性和独特性：如果你想要制作与众不同的短视频，选择一个具有创意性和独特性的拍摄场地可能是一个好主意。这可以帮助你的视频脱颖而出，引起观众的注意。

总之，在选择拍摄场地时，要考虑主题适应性、背景干净整洁、光线情况、音频环境、合法性和许可证、实际可行性以及创意性和独特性等因素，以确保能够获得优质的拍摄效果。

2）准备背景布

选择一块适合的背景布，可以是纯色布料或背景纸。固定背景布于墙壁或架子上，并确保它没有皱褶，如图 2-18 所示。

3）安装照明设备

照明是摄影的关键。准备几个灯具或闪光灯，并将它们放置在适当的位置以提供充足的光线，如图 2-19 所示。还可以使用软盒或反射伞来扩散灯光，以获得柔和的效果。

图 2-18　背景布

图 2-19　安装照明设备

4）准备摄影设备

将相机和镜头放置在合适的位置，并确保它们稳定。设置相机的白平衡和曝光等参数，以适应场景和所拍摄的对象。

5）准备调整工具

可以准备一些调整工具，如三脚架、灯架、背景架等，以便更好地调整摄影设备和场景。

6）布置道具和装饰

根据拍摄的主题，布置一些道具和装饰物。这些可以是简单的家居用品或拍摄所需的特定道具。

7）测试拍摄

在正式拍摄前，进行一些测试拍摄，检查灯光、曝光和白平衡等参数是否合适。这可以帮助你调整任何需要改进的地方。

以上是一个简易极简摄影棚搭建的基本步骤。根据你的需求和预算，你还可以添加更多的设备和装饰来提高摄影效果。

当然，并不是所有商品都需要专业的摄影棚，如果拍摄的商品比较小，对场地没有太多的要求，一般采用拍摄台或柔光箱就可以解决。另外，个别商家可能会选择自己制作一个简易摄影棚，但简易摄影棚通常不带光源，需要商家自己添加光源。

## 课后练习

1. 简述短视频拍摄的基本流程。
2. 思考拍摄大件家具产品需要购买哪些灯光照明设备。

# 项目 3　短视频拍摄基本技能

学习目标

- 掌握视频质量与画面的基本要求。
- 掌握常用的构图技法。
- 掌握常见的用光技法。
- 掌握镜头的视觉语言（景别、拍摄角度、运镜技巧）。
- 掌握使用单反相机拍摄短视频的操作要点。
- 掌握使用手机拍摄短视频的操作要点。

在制作短视频过程中，短视频拍摄这一过程至关重要，它将直接影响到后期的剪辑难度以及最后的视频视觉效果。所以大家必须掌握一些短视频拍摄技能，如掌握视频质量和画面的基本要求、镜头视觉语言、构图手法、用光技巧和运镜技巧，以及单反相机和手机拍摄短视频的操作要点等。

# 任务 3.1　视频质量与画面的基本要求

## 子任务 3.1.1　视频的三要素

当涉及拍摄和制作视频时，必须了解视频的分辨率、画面比和帧率。

1. 分辨率

视频的分辨率是指视频画面中像素的数量。它决定了视频的清晰度和精细程度。常见的视频分辨率包括高清（HD）分辨率（如 720p、1080p）、2K（1440p）、4K（2160p）和 8K（4320p）。选择合适的分辨率取决于你的需求和预算。

2. 画面比

画面比是指视频宽度和高度之间的比例关系。最常见的画面比是 16:9，它广泛适用于电视和显示屏。还有其他的画面比，如 4:3（传统电视标准）、1:1（社交媒体平台，如 Instagram 和 TikTok）和 2.35:1（宽屏电影标准），每个画面比都有其独特的用途和视觉效果。

3. 帧率

帧率是指视频中每秒钟包含的静止图像数量。常见的帧率包括 24fps、30fps、60fps 和 120fps。较低的帧率（如 24fps）通常用于电影制作，能够呈现电影般的流畅感。更高的帧率（如 60fps 和 120fps）适用于拍摄运动场景或需要更多细节的场景，能够提供更平滑的运动效果。

除了这些基本要求之外，还有其他一些因素需要考虑，包括摄像机的性能和设置、光线条件、音频质量等。这些因素将直接影响最终视频的质量和观赏体验。

总之，视频的基本要求包括适当的分辨率、合适的画面比和适宜的帧率。根据你的需求和要求，选择适合的参数，并确保摄像机设置和环境充分满足这些要求，才能获得高质量的视频。

## 子任务 3.1.2　短视频质量的基本要求

短视频的质量是决定其吸引力和影响力的关键。以下是短视频质量的基本要求。

（1）内容创意与故事性：一个优质的短视频应该有独特的内容创意和吸引人的故事性。它应该能够引起观众的兴趣，并能够传达清晰的信息或情感。

（2）摄影和拍摄技术：短视频的摄影和拍摄技术应该具备一定的水平。相机稳定、清晰的画面、适当的曝光和对焦，以及良好的构图和镜头运动等都是关键因素。

（3）剪辑和后期制作：剪辑和后期制作是短视频的重要环节。它可以调整视频的音频和色彩，剪辑合适的镜头和场景，加入合适的音乐或音效，以及添加必要的文字或动画效果，以提高整体的视觉吸引力和故事性。

（4）流畅的剪辑和过渡：在剪辑过程中应确保视频的剪辑和过渡流畅自然。过渡的使用应恰如其分，以使观众能够无缝地跟随视频的节奏，并保持连贯性。

（5）适当的长度和快节奏：短视频的长度应该在适当的范围内，一般为几十秒到几分钟之间。另外，短视频应该有一定的节奏感和动感，以吸引观众的注意力。

（6）良好的音频质量：音频是短视频的重要组成部分，应该有良好的音频质量。确保音频清晰、无噪声，并与视频的内容和节奏相匹配。

（7）合适的分辨率和格式：根据短视频发布的平台和用途，选择合适的分辨率和格式。确保视频在各种观看设备上都能够正常播放，而不损失质量。

以上是短视频质量的基本要求。重要的是要保持创新性、专业性和观众友好性，以提供令人难忘和有影响力的短视频体验。

## 子任务 3.1.3  视频画面的构成要素

视频画面的构成要素包括主体、陪体、环境、前景与背景。下面对每个要素进行详细阐述。

### 1. 主体

主体是视频画面中的主要焦点和中心对象。它通常是你所拍摄的主角或重要元素，吸引观众的注意力。主体可以是一个人物、物品、景观等。在构图时，将主体放置在画面的合适位置，并使用合适的焦距和角度突出主体。

### 2. 陪体

陪体是与主体相辅相成、增强主题的元素。它可以是支撑主题、增添情境、提供对比或补充信息的对象。陪体可以是其他人物、场景中的物体、背景中的元素等。在构图时，将陪体巧妙地放置在画面中，以增强主题的表达和视觉效果。

### 3. 环境

环境是指视频画面中的整体背景和场景设置。它提供了主体和陪体存在的空间和背景故事。环境可以是室内、室外、自然风景、城市街景等。在拍摄时，注意选择适合主题和情感的环境，并利用环境来增强画面的氛围和情感。

### 4. 前景与背景

前景与背景是画面中位于主体和环境之间的元素。前景是距离镜头较近的物体，而背景则是远离主体的物体。它们可以通过景深、焦点和构图来增强画面的层次感和立体感。前景元素可以用来引导观众的视线和增加画面的深度感，而背景元素则可以提供额外的信息和视觉丰富度。

以上是视频画面的构成要素的解释。合理运用这些要素，可以帮助你创造更吸引人、有层次感和丰富的视觉效果的视频作品。通过选择合适的主体、陪体、环境、前景与背景，并结合良好的构图技巧，可以提高视频的表现力和视觉冲击力。

# 任务 3.2　构图技法

短视频构图是对视频画面中的各个元素进行组合、调配，从而整理出一个可观性比较强的视频画面。这个画面可以展现作品的主题与美感，将视频的兴趣中心点引到主体上，给人以最大程度的视觉吸引力。读者应该熟悉视频画面构图的基本要求和常用的视频构图手法。

## 子任务 3.2.1　视频画面构图的基本要求

好的视频画面构图有着无可比拟的表现力，不仅能给用户传达出认知信息，还能赋予用户审美情趣。视频画面构图的基本要求有以下几点：在进行短视频构图时，也要遵循以下基本要求，如图 3-1 所示。

1. 画面完整性

画面中的主体和背景要完整呈现，不应截断或缺失重要元素。避免遮挡物或干扰物挡住主要内容。

2. 视觉层次感

通过合理的前景、中景和背景的布局，以及远近景的处理，营造出画面的深度感和层次感。让观众能够明确地分辨画面中的各个元素和距离。

图 3-1　构图要求

3. 对称和平衡

通过对称布局或平衡构图，使画面显得稳定、和谐和美观。避免画面左右或上下的不平衡感。

4. 线条和形状

合理运用线条和形状来引导观众的视线和增强画面的动感。可以使用对角线、曲线、形状等元素来营造出独特的视觉效果。

5. 色彩搭配和对比

合理运用颜色来营造出画面的氛围和情绪。通过对比明暗、对比冷暖色调等手法，增强画面的吸引力和表现力。

6. 焦点和主体

明确画面的焦点和主体，使其突出并吸引观众的注意力。可以通过调整焦点和景深来突出主体。

总而言之，视频画面构图要注重整体和谐、重点突出、层次感明确和视觉效果吸引人等方面，以达到有效传递信息和引起观众兴趣的目的。

## 子任务 3.2.2 几种常用的视频构图手法

在拍摄短视频时，对拍摄对象进行恰当的位置摆放，会使画面更具美感和冲击力。绝大多数火爆的短视频作品都借助成功的构图方法，让作品主体突出、富有美感、有条有理，令人赏心悦目。那么，有哪些构图方法是在短视频拍摄过程中经常用到的呢？在拍摄视频时，有以下几种常用的视频构图方法。

### 1. 中心构图法

中心构图法是视频拍摄中常用的一种构图方法。它适用于突出画面重点和明确视频主体的场景。

通过将拍摄对象放置在相机或手机画面的中心，中心构图法可以实现以下效果。

（1）突出画面重点：将主要物体或主体放置在画面中心，使其成为视觉焦点，引起观众的注意。

（2）明确视频主体：通过将主体放置在中心，可以让观众清楚地识别出视频的主要主体或主题。

（3）锁定目光：中心构图法可以将观众的目光直接引导到画面的中心，使其集中在主体上，从而传达视频想要表达的信息。

尽管中心构图法在某些场景中非常有效，但它也有一些限制。使用这种构图方法时需要注意以下几点。

（1）视觉平衡：将主体放在中心可能导致画面显得静态和缺乏动态感。可以通过合理运用其他元素、对比或平衡来增加视觉的动感和平衡感。

（2）创意变化：过度使用中心构图法可能会导致画面显得乏味和单调。在需要吸引观众注意力和提升视觉吸引力的场景中，可以尝试其他构图方法来增加多样性和创意。

总之，中心构图法是一种常用的视频拍摄构图方法，可以突出画面重点，明确视频主体，并将观众的目光锁定在主体上。然而，要根据具体的拍摄场景和创作需求，灵活选择构图方法，并充分发挥个人创意和风格，以创作出更富有视觉吸引力的视频作品。

在短视频拍摄中，中心构图法多用于美食、吃播、达人秀等类型。例如，在某美食类短视频画面中，可以明显看到西瓜在画面中间，让人看到一个完美的西瓜，营造一种面对面吃西瓜的感觉。这也让用户能够很快锁定视频主体，同时获取视频要传达的信息，如图 3-2 所示。

### 2. 三分构图法

三分构图法是视频拍摄中最常用的一种构图方法，使用相互垂直的两根横线和两根竖线，将画面等分为 9 个区域，将画面分为三个水平或垂直的部分，将主要元素放置在 4 根线形成的交叉点上，以增加画面的平衡和吸引力。三分构图法能够突出画面重点，让人明确视频主体，将目光锁定在主体上，从而获取视频传达的信息。

应用三分构图法可以带来以下好处。

（1）平衡感：将画面平均分为横竖三部分，可以在视觉上创造平衡的感觉。

（2）视觉引导：将主要元素放置在三分构图法的交叉点上，可以引导观众的目光，使其自然地聚焦在画面中最重要的部分。

（3）纵深感：通过合理利用前景、中景和背景，可以增加画面的纵深感，使观众感受到不同距离的物体。

（4）多元化构图：三分构图法可以应用于水平分割和垂直分割的情况，可以根据拍摄主题和场景的需要灵活运用。

相比之下，中心构图法是将拍摄对象放置在相机或手机画面的中心进行拍摄。这种构图方法在某些情况下可能会失去一些画面的动态和张力，因为所有的注意力都集中在中心对象上。不过，在某些特定情况下，中心构图法也能够突出主体并营造一种稳定和均衡的感觉。

总之，三分构图法是一种常用的构图方法，通过分割画面并将主要元素放置在交叉点上，可以增强画面的平衡感和吸引力，并引导观众目光聚焦在重要的区域上。中心构图法则适用于特定的拍摄场景和主体，可以营造出稳定和集中注意力的效果。例如，在某美食类短视频画面中，博主手指分别放在交叉点，在吸引用户观看手指剥开西瓜的同时，传递西瓜皮非常薄、西瓜很脆的感觉，如图 3-3 所示。根据具体情况选择合适的构图方法，并根据个人创作风格进行适度的变化和创新。

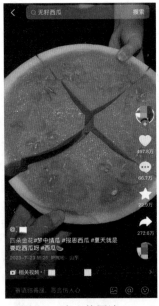 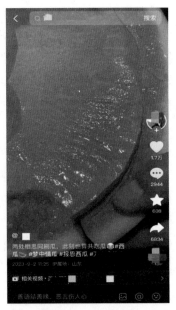

图 3-2　中心构图法　　　　　　　　图 3-3　三分构图法

### 3. 黄金分割法

"黄金分割"是将画面分割为两部分，比例接近黄金分割比例（大约是 1:1.618），将主要元素放置在黄金分割点上，以获得一种感觉和谐的画面。

在短视频拍摄中，"黄金分割"可以是视频画面中对角线与某条垂直线的交点，也可以是以画面中每个正方形的边长为半径，从而延伸出来的一条具有黄金比例的螺旋线，如图 3-4 所示。

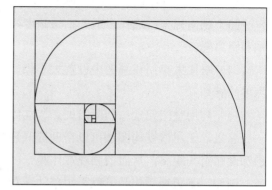

图 3-4　黄金分割法的结构示意图

运用黄金分割构图法进行短视频构图，一方面可以突出拍摄对象，另一方面在视觉上给人以舒适感，从而令观众产生美的享受。例如：拍摄一朵花，将花蕾放置在画面的黄金分割点上，将花茎或背景作为另一部分。

### 4. 对称构图法

对称构图法是将画面分为左右对称或上下对称的两部分，两侧或上下的元素呈现出类似的形状、颜色或线条，创造出一种平衡和稳定的感觉。

对称构图法可以通过以下方式增强画面的平衡感和稳定感。

（1）左右对称：将画面垂直分为两半，使两侧的元素对称。可以将相似的物体、形状、颜色、纹理等放置在画面的两侧。

（2）上下对称：将画面水平分为两半，使上下的元素呈现对称。可以通过上下镜像、重复或反复出现的元素来创造对称感。

（3）元素形状、颜色或线条的相似性：在对称的两侧或上下，使用类似的元素形状、颜色或线条。可以是相同形状的物体，相似的颜色配对，或者是镜像的线条。

（4）注意平衡的分布：确保画面中的元素在对称的两侧或上下均匀分布，避免出现分布不均或偏向一侧的情况。

（5）利用中轴线：将画面分隔成对称的两部分时，可以利用中轴线来增强构图的稳定感。可以将元素沿着中轴线放置，或者让中轴线成为画面的重要元素。

通过采用对称构图法，可以给短视频画面带来一种平衡、稳定和整齐的感觉。这种构图方法适用于许多主题和场景，如景观、建筑、人物等，可以帮助提升画面的美感和观赏性。例如，某建筑的视频画面就采用对称构图法，展示了建筑的立体美，如图 3-5 所示。

### 5. 透视构图法

透视构图法是一种通过画面中的线条和空间布置来表现三维空间感的方法。在拍摄短视频时，采用透视构图法可以增强视频画面的立体感，使观众感受到画面深度和距离感。

具体来说，可以尝试以下方法来运用透视构图法。

（1）使用斜线：通过斜线的倾斜、交叉或透视，可以创造出立体的感觉。可以在构图中加入具有明显斜线的元素，如楼梯、斜向的路线或其他线条。

（2）远近对比：选择拍摄场景时，可以考虑将前景、中景和背景分层次地安排在画面中，让观众感受到不同深度的物体之间的距离感。

（3）利用视角：选择合适的拍摄角度，如低角度或高角度，可以改变观众对物体的感知和距离感。

（4）对比大小：在画面中设置大小相差较大的物体，通过大小的对比增强观众对画面深度的感知。

（5）利用空间元素：利用消失点、立体几何体等元素来制造视觉上的远近距离感。

总之，采用透视构图法可以帮助提升短视频画面的立体感，使观众感受到画面中物体的深度和空间距离，从而增强观赏体验。

例如，某短视频作品，就采用单边透视构图的视频画面，让人想沿着海上公路所指的方向看，如图 3-6 所示。

图 3-5　对称构图法拍摄

图 3-6　单边透视构图

【小提示】值得注意的是：透视构图法分为单边透视和双边透视。单边透视是指画面中只有一边带有延伸感的线条。双边透视则指的是画面中两边都带有延伸感的线条。双边透视构图能够汇聚人的视线，使视频画面具有动感和想象空间。

### 6. 高低角度法

高低角度法是通过改变拍摄角度，从不同的角度来捕捉被拍摄物体，从而创造一种截然不同的观感。例如，从低角度拍摄一个高塔，使其看起来更加壮观和威严；或者从高角度拍摄一个景观，以显示被拍摄物体的全貌。

高低角度法拍摄视频的特点如下。

（1）将摄像机置于较高或较低的位置，改变了人们通常习惯的视角，使观众能够以不同的角度来观察被拍摄的物体或场景。

（2）高角度拍摄（也叫作鸟瞰角度）可以将被拍摄物体或场景呈现在观众眼前，增加了全景感和空间感，使观众可以更好地理解场景的整体布局、范围和关系。

（3）低角度拍摄（也称为虫瞰角度）可以使被拍摄物体或场景显得更加庄重或强大。此外，低角度拍摄还能够突出被拍摄物体的纵向拉伸，使其看起来更高大、威严或壮观。

（4）高低角度法拍摄可以为观众带来新鲜感和独特的观看体验，因为它与平常的观察角度不同。这种改变角度的方式可以吸引观众的注意力，使其对被拍摄物体或场景产生更加强烈的兴趣和共鸣。

（5）使用高低角度法拍摄还可以展现一些特殊效果，例如使用鱼眼镜头拍摄可产生鱼眼效果的拍摄，或者使用倾斜角度来制造一种滑板或极限运动的动感效果。

总而言之，高低角度法拍摄可以改变观众对被拍摄物体或场景的观感，为影像带来新的视觉体验和情感上的冲击。同时，它也拓宽了创作者的视角和表达方式，使影像更加多样化和有趣。

【小提示】这些视频构图方法可以帮助拍摄者创造出具有视觉吸引力的画面，但并不一定适用于所有情况，要根据拍摄对象和表达意图来选择合适的构图方法。

# 任务 3.3 用光技法

短视频拍摄时，怎样利用光线使视频画面效果达到最优，也是短视频创作者不得不掌握的短视频拍摄技巧。当光线从不同角度照射到拍摄主体上时，会产生不同的效果。

## 子任务 3.3.1 光的特点与种类

### 1. 光的特点

在视频拍摄中，光具有以下特点。

（1）亮度：光的亮度决定了照射在被拍摄物体上的光线强度。光线的亮度可以是强烈的或柔和的，这会影响场景的整体明暗度和对比度。

（2）方向性：光的方向性对于营造阴影、突出物体形状和纹理非常重要。光线的方向从不同角度照射被拍摄物体，从而改变了物体的视觉效果，起着凸显或隐藏特定细节的作用。

（3）颜色：光线的颜色可以是自然光的颜色，也可以是人工灯光的颜色。不同的光线颜色可以创造不同的氛围和感觉，如温暖的黄色光营造出温馨的感觉，冷色调则多用于创造冷酷或忧伤的氛围。

（4）均匀性：光线在场景中的分布均匀性会影响画面的整体平衡和均衡感。均匀的光源可以使被拍摄物体呈现平滑的明暗过渡，而不均匀的光源则会产生明显的阴影和高对比度。

（5）色温：光线的色温是指光的颜色偏向冷色调还是暖色调。色温对于影响画面的整体感觉和氛围非常重要，冷色调的光线会给人一种冷静、沉稳的感觉，而暖色调则会让人感到温馨和亲切。

（6）动态范围：光线的动态范围是指光线从最暗到最亮的变化范围。对摄影师来说，了解光线的动态范围可以帮助他们选择适合的曝光和调整摄影机参数，以最佳方式捕捉被拍摄物体的细节。

这些光的特点在视频拍摄中扮演着重要的角色，摄影师可以利用这些特点来创造不同的视觉效果和氛围，以表达他们对被拍摄物体或场景的独特观点和情感。

2. 光的种类

在视频拍摄时，离不开光线的应用。合理运用光线，可以让视频画面呈现更好的光影效果。常见的光线主要包括顺光、逆光、顶光和侧光，如图 3-7 所示。

（1）顺光：顺光指的是光线从摄影机的背后照射被拍摄物体。这种光线的特点是明亮均匀，可以将被拍摄物体呈现在相对平衡的明暗关系中。顺光可以用来突出物体的形状和纹理，使其显得清晰明亮。例如，拍摄日出或日落时，太阳在远处照射在被拍摄物体上，营造出柔和明亮的效果。

（2）逆光：逆光指的是光线从摄影机的正面方向对被拍摄物体进行照射。这种光线的特点是在被拍摄物体前方

图 3-7　常见的光线

产生阴影，造成物体的轮廓和形状的明暗对比。逆光可以创造出一种神秘、戏剧性的效果。例如，在拍摄人物时，逆光可以使人物的轮廓清晰显现，并营造出一种神秘感。

（3）顶光：顶光指的是光线从被拍摄物体的上方照射。这种光线的特点是可以照亮被拍摄物体的顶部，但会造成物体下方产生阴影。顶光可以突出物体的细节和纹理，创造出一种立体感和凸显形状的效果。例如，在拍摄雕塑作品时，顶光可以凸显雕塑的纹理和细节。

（4）侧光：侧光指的是光线从被拍摄物体的侧面照射。这种光线的特点是可以产生明暗分明的侧影效果，突出物体的轮廓和纹理。侧光可以营造出一种戏剧性和立体感的效果。例如，在拍摄人像时，侧光可以使人物的脸部轮廓更加立体，突出面部特征。

这些光线在摄影中都非常常见，摄影师可以根据拍摄主题和需求选择适合的光线角度，以展现出不同的视觉效果和情感氛围。

## 子任务 3.3.2　光线运用技巧

在认识光线的特点和种类后，需要将其运用到实际的短视频拍摄中，让拍摄主体呈现更好的视觉效果。

### 1. 顺光拍摄技巧

顺光拍摄是指光线从背后照射被拍摄主体的拍摄方式。当被拍摄物处于顺光照射的时候，让被拍摄物的正面布满了光线，充分展示被拍摄物的色彩、细节等。以下是一些顺光拍摄的技巧。

（1）前景曝光控制：由于光线从背后照射主体，容易出现前景过暗的问题。为了避免这种情况，可以使用曝光补偿或闪光灯来照亮前景，使整个画面的亮度更平衡。

（2）光晕效果：顺光拍摄时，光线可能会透过被拍摄主体或周围的物体产生光晕效果。这可以创造出一种柔和、浪漫的氛围。可以通过调整曝光、光圈或使用适当的滤镜来增强光晕效果。

（3）轮廓突出：由于光线从背后照射主体，在光线照射的一侧可能会形成明亮的轮廓。这可以突出主体的形状和轮廓，使其更加鲜明。可以调整角度和位置，以使主体的轮廓与光线对齐。

（4）反光利用：顺光拍摄时，光线会从被拍摄主体的表面反射出来。这样的反光可以用来增强主体的光泽和细节。可以借助镜面、金属或水面等具有反射性的物体来创造出独特的反光效果。

（5）人物肖像：顺光拍摄对于人物肖像非常有利。光线从背后照射人物，可以创造出轻盈的光环效果，让人物显得柔和、具有立体感。同时可以通过调整角度和位置，使光线凸显人物的头发和轮廓。

（6）运动拍摄：顺光拍摄还可以用于捕捉运动的瞬间。光线从背后照射下来，可以提供足够的光线来冻结运动并捕捉细节。这对于拍摄运动比赛、舞蹈或其他高速运动的场景非常有用。

以上是一些顺光拍摄的技巧，摄影师可以根据拍摄场景和主题选择适当的技巧来创造出独特而生动的影像效果。记得要不断练习和尝试，掌握顺光拍摄的技巧，以拍摄出令人印象深刻的照片。

例如，某美食制作短视频作品中，就采用了顺光拍摄，让被拍摄食物的全貌及细节都得到充分展示，如图3-8所示。

图 3-8　顺光拍摄图片示例

【小提示】因为顺光光线太过平顺，会导致被拍摄物缺少明暗对比，不利于体现被拍摄物的立体感。所以一些需要体现立体感的镜头则很少使用顺光拍摄。

### 2. 侧光拍摄技巧

侧光是光线从侧面照射到拍摄主体上，侧光可以营造一种很强的立体感，因此会出现一面明亮一面阴暗的情况，采用侧光拍摄短视频可以很好地体现立体感和空间感。

侧光是一种经典的拍摄技巧，可以为照片增添戏剧性和艺术感。以下是一些侧光拍摄的技巧。

（1）避免直射光线：侧光的关键是避免直射光线，因为它可能会造成过曝和丢失细节。选择光线柔和的时候进行拍摄，比如在早晨或傍晚。

（2）利用反射板：使用一个反射板来调节光线的方向和亮度。反射板可以是白色、银色或金色的，根据你想要的效果选择合适的反射板。

（3）突出主体：确保侧光的方向使主体明亮，并突出其轮廓。你可以调整角度和位置来获得最佳的侧光效果。

（4）利用阴影：由于侧光会产生阴影，你可以利用阴影来创造各种有趣的效果。阴影可以增加照片的层次感和纹理。

（5）曝光控制：在侧光条件下，相机的测光系统可能会有困难来正确曝光照片。使用曝光补偿功能进行微调，使主体和背景都得到适当的曝光。

（6）保持稳定：由于侧光照明条件下的对比度较高，拍摄时要特别注意保持相机的稳定性，以避免模糊的照片。

（7）找到合适的背景：选择一个有趣的背景，以增强照片的效果。背景可以与主体形成对比，或为照片增添层次感。

侧光拍摄是一门需要实践和尝试的技术。尽量多进行练习，探索不同的角度、光线和构图方式，以完善你的侧光拍摄技巧。

例如，某短视频作品，在拍摄展示甜品的画面时，就采用了侧光拍摄，灯光从右面照亮在各种甜品上，为甜品营造出一种极强的立体感，如图3-9所示。

### 3. 逆光拍摄技巧

逆光拍摄是指在主体背后的光源与镜头正面相对的拍摄方式。这种拍摄方式常常产生一些独特的效果，但也会面临一些挑战。以下是一些逆光拍摄技巧。

（1）使用逆光遮光罩或防反光镜：逆光情况下，光线可能会直接照射到镜头上，导致光斑或反射。使用逆光遮光罩或防反光镜可以帮助减少这些问题，确保照片更清晰。

（2）曝光调整：逆光情况下，相机的测光系统通常会将背景曝光正确，但会忽略主体。可以使用曝光补偿功能对曝光进行微调，确保主体得到适当的曝光。

（3）使用背光效果：逆光拍摄时，可以利用背光效果来突出主体的轮廓和形状。试着将主体放置在光源后方，并注意背景的亮度和细节。

（4）使用反射板或闪光灯：在逆光情况下，主体通常会被黑暗的背景影响。使用反射板或闪光灯可以增加前景的光亮度，以平衡背景和主体之间的亮度差异。

（5）手动对焦：在逆光情况下，相机的自动对焦系统可能会较难正确对焦。尝试手动对焦，确保主体清晰。

（6）利用反射光：逆光时，可以利用反射光来填充主体的阴影部分。寻找可以反射光线的表面，如墙壁、地面或反光板，使主体更明亮。

（7）视角选择：尝试从不同的角度来拍摄逆光照射的场景，探索不同的构图方式，以获得最佳的效果。

逆光拍摄是一项具有挑战性的技术，需要不断的实践和尝试。通过多次实验，你可以更好地理解光线和曝光的影响，以获得更好的照片结果。

由于逆光的光源来自于被拍摄物的后方，这是一种极具艺术魅力和表现力的光线，可以完美地勾勒出拍摄主体的线条。例如，某短视频作品中，采用逆光拍摄人物画面，很好地勾勒出人物线条，如图 3-10 所示。

图 3-9　侧光构图

图 3-10　逆光拍摄图片示例

【小提示】逆光拍摄会让拍摄主体的阴影处于正面，如果不使用其他光源，将无法呈现出拍摄主体的正面细节，只能得到一张剪影照片。因此在拍摄时，还会加入一个顺光光源，既可以足够展现出拍摄主体的细节，还可以产生漂亮的轮廓线条。

**4. 顶光拍摄技巧**

顶光拍摄时光线直接从顶部照射被拍摄对象上。顶光可以产生一种明亮、清晰、柔和的光线效果，能够突出被拍摄物体的形状和质感，创造一种独特的视觉效果。以下是一些顶光拍摄的技巧。

（1）选择适当的时间：顶光在日出和日落时拍摄效果最好。此时的光线较为柔和，色温较暖，能够给照片增添温暖的氛围。

（2）使用反光板：顶光拍摄会造成被拍摄对象的阴影，可以使用反光板来填充光线，减小阴影，使照片更加均衡和明亮。

（3）选择合适的背景：顶光拍摄强调光线和阴影的对比，因此选择一个具有明确纹理和层次感的背景可以增强整体效果。

（4）调整曝光：因为光线会从上方直接照射被拍摄对象，所以相机的测光模式可能容易被误导。可以使用曝光补偿功能，将曝光调高，使照片更加明亮。

（5）控制光线的强度：可以使用遮光板或者透光材料来调节光线的强度，从而达到更好的效果。

（6）注意拍摄角度：顶光拍摄时，可以尝试不同的拍摄角度和构图方式，以突出被拍摄对象的形状和轮廓。

总之，顶光拍摄需要注意光线的选择和控制，提前规划拍摄角度和位置，以及关注主体与背景的协调。通过细致的调整和实践，可以创造出令人印象深刻的顶光照片。

顶光不是一种非常理想的光线，比如，正午时分的阳光就是可以说是一道顶光，这时通常不宜外出拍摄视频。不过对一些体积较小的被拍摄物来说，由于物体本身体积小，光在它们身上的效果不会太明显，采用顶光拍摄，反而简便易行。例如，某短视频作品在拍摄金饰时，就采用了顶光拍摄，让本身体积较小的金饰，在镜头中不仅体积增大，还发出闪耀的光芒，如图 3-11 所示。

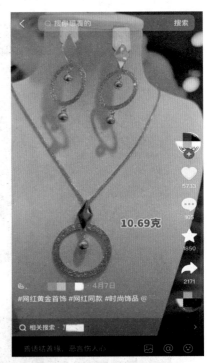

图 3-11　顶光拍摄图片示例

【小提示】顶光的主要缺点是会在拍摄主体的下方产生浓重的阴影，如果被拍摄物表面凹凸起伏的话，可能会产生各种不太美观的阴影，所以最好是使用光质柔和的光源用作顶光，让阴影轮廓模糊一点，这样会使效果更加美观。

# 任务 3.4　镜头的视觉语言

不同的景别和拍摄角度，能呈现不同的视觉效果。通过复杂多变的拍摄角度和景别交替使用，可以更清楚地表达 Vlog 视频情节及人物思想感情，从而增强视频的艺术感染力。所以，大家在拍摄短视频时，必须掌握一些景别与拍摄角度的用法。同时，在拍摄过程中恰当地使用运镜技巧，会给拍摄带来意想不到的效果。下面分别介绍景别、拍摄角度和运镜的相关内容。

## 子任务 3.4.1　景别

景别是指在摄影中，根据摄影机与被摄体的距离不同，被摄体在录像器中呈现出的范围大小的区别。景别通常分为以下 5 种，由近至远分别为特写、近景、中景、全景和远景，每种景别都有其独特的特点和应用，如图 3-12 所示。

以拍摄人物画面为例，特写指人体肩部以上的画面，近景指人体胸部以上的画面，中景指人体膝部以上的，全景指人体的全部和周围部分环境的画面，远景指主角所处的环境画面。

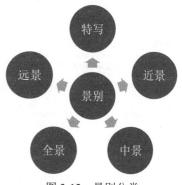

图 3-12　景别分类

### 1. 特写

特写是指将被摄体拍摄得非常近，只拍摄一个局部或者细节。特写可以突出被摄体的细节和纹理，展现出被摄体的个性和特征。它常用于人物肖像、小物品的拍摄，以及强调情感和表情的表达。在表现人物时，运用特写镜头能表现出人物细微的情绪变化，揭示人物心理活动，使观众在视觉和心理上受到强烈的感染。

特写拍摄具有以下几个特点。

（1）突出细节：特写拍摄通常使用非常接近的拍摄距离，以捕捉到被摄体的微小细节和表情。这种拍摄方式使观众能够更加近距离地观察被摄体的细微变化和特征。

（2）强调主题：特写拍摄通过放大被摄体的局部，将视觉焦点集中在特定的细节上，从而强调被摄体的重要性和表达。它可以突出细节，让观众专注于被摄体的核心内容。

（3）探索情感：特写拍摄可以通过近距离的视角和细节呈现，深入挖掘被摄体的情感和精神状态。观众可以更加直观地感受到被摄体所传递的情感和内心世界。

（4）表达力强：特写拍摄常用于传递强烈的情感和表达。通过放大细节和聚焦于被摄体的特定部分，特写可以增强画面的表现力，将观众更深入地引入故事之中。

（5）创造独特视角：特写拍摄可以带来独特的视角和观察方式。它能够展示平常难以察觉的细节，提供不同于人眼的观察视角，让观众看到被摄体的不同侧面和特征。

综上所述，特写拍摄的特点是突出细节、强调主题、探索情感、表达力强和创造独特视角。这种拍摄方式能够通过近距离的视角、细节呈现和聚焦，带给观众更深入和直接的观察体验，突出被摄体的特定细节和情感。

在表现物体时，运用特写镜头能清晰地表现出物体的细节，增强物体的立体感和真实感。以拍摄一道菜（宫保鸡丁）为例，通过特写镜头，不仅能够清晰地看到这道菜的成品效果，还将菜品的色泽表现了出来，营造一种令人垂涎欲滴的视觉效果，如图 3-13 所示。

图 3-13　特写镜头

2. 近景

近景是指将被摄体拍摄得比较近，能够呈现被摄体的整体形状和细节。近景可以突出被摄体的特点和构图，能够让观众更加接近被摄体，感受到被摄体的真实质感和细节。在表现人物的时候，画面中的人物会占一半以上的画幅，因此，可以细致地表现出人物的面部特征和表情神态，尤其是人物的眼睛。

近景拍摄具有以下几个特点。

（1）突出细节：近景拍摄通常使用接近被摄体的拍摄距离，可以捕捉到被摄体的细节，展示其纹理、纹理和其他微小的特征。这种拍摄方式能够使观众更加近距离地观察和体验被摄体。

（2）强调主题：近景拍摄通过聚焦于被摄体的近距离视角，突出了被摄体作为主题的重要性。这种拍摄方式能够将观众的注意力聚焦在被摄体上，强调主题的存在和表达。

（3）创造亲近感：近景拍摄能够创造一种亲近感，使观众感受到与被摄体的密切接触。通过近距离视角，观众可以更加贴近被摄体，感受到其真实和生动的细节。

（4）掩映背景：近景拍摄可以通过对背景的模糊或限制，使被摄体更加突出。它可以把视觉焦点放在被摄体上，减少背景干扰，让观众更加专注于被摄体的内容。

（5）表达情感：近景拍摄有助于通过细节和近距离的视角表达情感。观众可以从近景中感受到被摄体所传递的情感和表情，增强观影的情感共鸣。

综上所述，近景拍摄的特点是突出细节、强调主题、创造亲近感、掩映背景和表达情感。这种拍摄方式能够让观众更加近距离地感受被摄体的细节和情感，并对主题产生更深入的理解和共鸣。

例如，某抖音账号发布的一条动漫短视频作品中，公主直视手里的食物时，采用的就是近景拍摄的方法，如图 3-14 所示。

3. 中景

中景是指在摄影或电影中，将被摄体（主体）与环境背景相对平衡并合理捕捉的一种拍摄方式。在中景中，被摄体被摄影师或摄像师以适中的大小和比例接近于实际观察的效果，可以清楚地展现出被摄体的整体形状、轮廓以及所处的环境背景。中景不同于特写或全景，更突出被摄体的主题内容，并带给观者一种逼真而直观的感觉。在摄影和电影创作中，中景常用来衬托主要人物或物体，突出其在故事情节中的重要性。

中景的主要特点包括以下几点。

（1）适中的距离：中景拍摄通常选择一个适中的距离来拍摄被摄体，使其既能显示清晰的细节，又能展示出整体的形状和轮廓。

（2）平衡的比例：中景的关键是将被摄体与环境背景相对平衡地呈现在画面中。摄影师需要考虑被摄体与环境之间的比例关系，保持画面的平衡和协调性。

（3）突出被摄体：尽管中景包含了一定的环境背景，但被摄体仍然是焦点和主题。摄影师会通过构图、角度和焦点等方式来突出被摄体，使其在画面中更加显眼。

（4）提供背景信息：中景可以展示被摄体所处的环境背景，为观众提供更多的背景信息。这有助于增加画面的层次感和故事的连贯性。

（5）中等视角：中景通常以中等视角拍摄，即摄影机位于被摄体的大致高度，并有一个适中的拍摄角度。这样可以使观众感觉更加舒适和自然。

综上所述，中景的主要特点是适中的距离、平衡的比例、突出被摄体、提供背景信息和中等视角。这种拍摄方式能够使被摄体与环境背景相互衬托，达到整体形状和环境背景的合理呈现。

例如，某博主的视频就采用了中景拍摄一款饮品，通过适中的距离、平衡的比例、突出被中等视角，展现出实物，如图 3-15 所示。

图 3-14　近景视频截图　　　　　　　　图 3-15　中景分镜头

4. 全景

全景是指在摄影或视频拍摄中，将一个较广阔的场景或视野拍摄完整并呈现给观众的一种拍摄技巧。全景的特点主要包括以下几点。

（1）完整呈现：全景通过广角镜头或拍摄范围较大的摄影机，能够将周围的环境全部纳入画面中，展示出一个全景景象。

（2）广阔视野：全景拍摄通常会利用广角镜头或多次拍摄拼接技术，使得画面能够呈现出宽广的视野，给人一种开阔和宏大的感觉。

（3）特色场景：全景拍摄常用于展示特色场景，如自然风光、城市景观、建筑物等，突出场景的壮观、美丽或独特。

（4）视觉冲击力：全景拍摄能够给观众一种强烈的视觉冲击力，使其感受到场景的广袤与壮丽，增强观赏的沉浸感。

（5）故事表达：全景拍摄在电影、纪录片等创作中常用来展示故事中的重要场景，通过呈现整个环境，提供更多的背景信息和视觉上的观感。

总而言之，全景的含义是将一个广阔的场景完整地呈现给观众，其特点包括完整呈现、广阔视野、特色场景、视觉冲击力和故事表达。例如，在某短视频作品中，展示大熊猫的镜头采用的就是全景拍摄的方法，目的是清晰地展现熊猫的可爱，如图 3-16 所示。

5. 远景

远景是指在摄影或视频拍摄中，用于展示远离相机的环境全貌的一种拍摄方式。远景的主要特点如下。

（1）展示环境全貌：远景通过广角镜头或拍摄范围较大的摄影机，将远离相机的环境全貌展示给观众。这种拍摄方式可以呈现人物周围广阔的空间环境，包括自然景色、城市景观、建筑物等。

（2）突出空间感：远景拍摄通过展示广阔的空间，强调了被拍摄对象与周围环境的关系，给观众一种开阔和宏大的感觉，增强了画面的视觉冲击力。

（3）展示大场面：远景拍摄常用于展示群众活动、大规模事件、自然灾害等大场面的镜头画面。通过远景拍摄，可以更好地表现出人物与环境的比例关系，展示人潮、群众或壮观的自然景象。

（4）视觉引导与故事表达：远景拍摄也可以用于视觉引导和故事表达。通过远景的广阔视野，摄影师可以引导观众的视线，将观众的注意力引向重要的元素或发生的故事情节。

总之，远景可以有效地表达人物周围的广阔空间环境和引导观众的视觉体验。

远景镜头下往往没有人物，或者人物只占有很小的位置，画面注重整体的环境描绘，给人以浑然一体的感觉，如图 3-17 所示。

图 3-16　全景分镜头

图 3-17　远景分镜头

## 子任务 3.4.2　拍摄角度

在拍摄短视频时，不同的拍摄角度可以呈现不同的视觉效果。拍摄角度包括拍摄高度和拍摄方向，如图 3-18 所示。同时，还有心理角度、客观角度等。不同的角度可以得到不同的画面效果，也具有不同的表现意义。

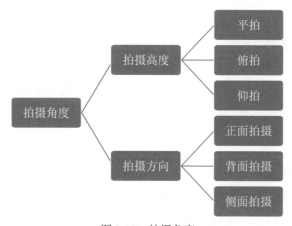

图 3-18　拍摄角度

### 1. 平拍

平拍是指摄影或视频拍摄时，拍摄设备与拍摄对象保持同一水平高度的拍摄角度。也可以称之为平视角拍摄或水平拍摄。这种拍摄方式能够打造出一种平衡和平静的画面，观众可以以与被摄体处于同一眼高的角度来观察场景，模拟人眼的观察视角，使观影体验更加自然和真实。平拍常用于拍摄日常生活场景、对话交流以及一些中性的、不过分突出的情感表达。

2. 俯拍

俯拍是指在摄影或视频拍摄中，拍摄设备的高度高于拍摄对象，即从上方向下拍摄的拍摄角度。也可以称之为高角度拍摄。这种拍摄方式使拍摄对象出现在画面的下方，观众可以以一种俯视的角度来观察场景。俯拍可以用来强调被摄体的局部细节、凸显其重要性，或者营造一种高傲、压迫或悬浮的氛围。在电影、电视剧和广告等创作过程中，俯拍常用于创造戏剧性的效果、表现权势的场景以及营造紧张或吸引人的观影体验。

3. 仰拍

仰拍是指摄影师或摄像师将拍摄设备的拍摄角度设置低于拍摄对象的水平位置，从下往上拍摄。这种角度可以使被拍摄对象显得更加庄重、威严，给人一种仰视的感觉。仰拍常用于拍摄高大建筑、山川景色、舞台演出等场景，可以突出被拍摄对象的高度和磅礴感。

4. 正面拍摄

正面拍摄是指将拍摄设备置于拍摄对象正前方，与拍摄对象的水平位置相等的拍摄角度。这种角度可以呈现出对象的真实外貌和形状，以及其正面特征。正面拍摄通常用于人物肖像、产品展示等需展现对象正面形象的场景。它能够直接展示对象的面部表情、特征和细节，给人一种直接、真实的感觉。此外，正面拍摄也常用于记录事物的正常状态和特征。

5. 背面拍摄

背面拍摄是指将拍摄设备置于拍摄对象背后的位置，从拍摄对象背面拍摄。这种角度可以突出对象的轮廓和背部特征，以及背后的环境和背景。背面拍摄常用于人物拍摄中，可以突出人物的姿态、轮廓和线条，营造一种神秘或引人遐想的感觉。背面拍摄也可以用于拍摄动物、物体等其他场景，以突出这些对象背后或背部的特点和细节。

6. 侧面拍摄

侧面拍摄指将拍摄设备置于拍摄对象侧面的位置，从侧面拍摄。这种角度可以展示拍摄对象的侧面轮廓、线条和面部特征。侧面拍摄常用于人物肖像、产品展示等场景。对于人物肖像，侧面拍摄可以突出人物的脸部轮廓、鼻子、嘴唇等特征，呈现出个人的独特风貌。对于产品展示，侧面拍摄可以展示产品的外观、形状和细节，以便更好地展示其特点和优势。此外，侧面拍摄还可以用于拍摄运动、舞蹈等场景，以展现对象的动态姿态和线条美。

## 子任务 3.4.3　镜头的运动方式

在拍摄短视频时，镜头的运动被称为运镜。运镜就像是镜头在说话，它把整个画面带动得更有活力，也牵动着观众的视角，推动着故事的发展。下面为大家介绍几种常用的运镜技巧。

### 1. 推镜头

推镜头是一种常见的运镜技巧，也称为"推进镜头"或"拉近镜头"。这种技巧通过保持拍摄主体位置固定不动，利用镜头的变焦或移动，将镜头从全景或其他景位由远及近地向拍摄主体推进，逐渐将主体填满画面，切换成近景或特写的画面。推镜头常用于电影、电视剧以及广告等影像制作中，用来描写细节、突出主体以及制造悬念等效果。通过推进镜头，可以引导观众的视线，凸显出重要的细节或情节发展，增强画面的表现力和视觉冲击力。

前推运镜是将镜头由远至近向前推进的运镜技巧。通过前推，可以呈现由远及近的效果，逐渐突出拍摄主体的细节。前推运镜常用于人物和景物的拍摄中，可以展示远处的环境背景，并逐渐接近主体，突出主体的细节特征。这种运镜方式可以给观众带来画面的变化和紧张感，引导观众关注主体的细节，增加影像的吸引力和视觉冲击力。前推运镜常出现在电影、电视剧、广告等影像制作中，用于夸张、渲染或制造情节氛围等目的。

例如，某拍摄赛里木湖的短视频作品中，就运用推镜头的方式，将画面主体从远及近，营造一种身临其境的感觉，如图 3-19 所示。

图 3-19　推镜头的拍摄画面

### 2. 拉镜头

拉镜头的拍摄手法恰恰与推镜头相反，拉镜头是指拍摄主体位置不动，构图由小景别向大景别过渡的运镜技巧。镜头从特写或近景开始,逐渐变化到全景或远景,在视觉上会容纳更多信息,同时营造一种远离主体的效果。拉镜头常用于电影、电视剧等影像制作中,可以扩大场景范围,呈现更多环境和背景细节。这种运镜手法可以提供更全面的画面信息,同时也可以营造出距离感和环境氛围。

拉镜头可以激发观众的好奇心和想象力,创造震撼和壮观的视觉效果。拉镜头也常用于表达场景的变化和转折,传达出视频的情绪和氛围。它可以增强影像的冲击感、视觉层次和观赏价值,提升观众的观影体验。例如,某拍摄荷花画面的短视频作品中,就运用了拉镜头的方式,由荷花的特写过渡到中景,向用户展示荷花盛开的美好画面,如图 3-20 所示。

图 3-20　拉镜头的拍摄画面

### 3. 跟镜头

跟镜头是指拍摄主体处于运动状态时,镜头跟随其运动方式进行移动的拍摄技巧。跟镜头能够全方位地展现拍摄主体的动作、表情以及运动方向,使观众更加身临其境地感受到主体的运动过程。这种运镜手法常应用于 Vlog 视频等实时记录和展示个人的日常活动、探险经历、体育运动等场景中。通过跟随镜头的运动,观众可以更好地感受到主体的真实感和动态感,提升观看者的参与感和沉浸感。跟镜头的运用可以使视频更生动、有趣,并且增加观众的亲近感和连贯性。

例如,某短视频作品就将运动镜头放置狗狗身上,呈现"狗狗视觉"的跟镜头视觉效果,展示狗狗下楼、去河边、去草地的镜头,如图 3-21 所示。正是因为跟镜头的应用让很多人都对该视频感兴趣。

### 4. 移镜头

移镜头是指镜头沿水平面进行各个方向的移动拍摄,可以展现拍摄主体的不同角度和

图 3-21　跟镜头的拍摄画面

景象。移镜头的效果给观众一种巡视或展示的感受，广泛应用于大型场景拍摄。通过移动镜头，可以记录更多场景和画面，让观众感受到更多的细节和环境。移镜头还可以给静态的画面带来一种动态的视觉效果，增加观赏性和观众的参与感。这种拍摄手法常应用于旅游摄影、风景摄影、电影拍摄等场景，能够传达出广阔、开阔的画面氛围，为观众带来更丰富的视觉体验。

例如，某短视频作品中，拍摄油菜花的自然风光时，就用了移镜头的方式，从不同角度展示了油菜花花海，如图 3-22 所示。

图 3-22　移镜头时的画面

### 5. 摇镜头

摇镜头是指镜头跟随着被拍摄物的移动进行拍摄，常用于介绍故事环境或突出人物行动的意义和目的。在摇镜头拍摄时，镜头相当于人的头部观察周围的风景，但头的位置保持不变。所谓的"全景摇"指的就是使用摇镜头的手法拍摄全景画面。

摇镜头常应用于特定的情境中，在镜头的摇晃下呈现模糊和强烈震动的效果。例如，可以通过摇镜头来表现精神恍惚、失忆穿越、车辆颠簸等场景。这种摇晃效果可以增加戏剧性、紧张感和视觉冲击力，让观众更加身临其境地感受到被拍摄物的动态和环境。

### 6. 升降镜头

升镜头和降镜头都是电影和电视剧中常用的镜头手法，目的是通过拍摄角度的改变来创造不同的视觉效果和氛围。

升镜头是将镜头从低处向上移动，通常用于表达主角或场景的崇高、庄严或重要性。升镜头常常与慢镜头配合使用，让画面更具有冲击力和感染力。升镜头还可以营造出一种心情的升腾和高昂的气氛。

降镜头则是将镜头从高处向下移动，通常用于表达对场景或人物的压迫感或威严感。降镜头常出现在战争片、历史剧等需要给予观众一种沉重感的场景中，可以增强观众的代入感和震撼力。

无论是升镜头还是降镜头，都是通过改变拍摄角度来构造画面的感官效果，从而增强观众的观影体验。这些镜头手法需要导演和摄影师根据剧情需要和想要表达的情感选择合适的镜头，以达到最佳的视觉效果。

例如，某短视频作品就采用了升镜头，镜头从低处的草地移动到上面的瀑布，让自然风光更具冲击性和感染性，如图 3-23 所示。

图 3-23　升降镜头的应用

### 7. 环绕镜头

环绕镜头是一种将镜头围绕着被拍摄主体进行旋转的镜头手法。通过环绕镜头的运用，可以创造出一种环绕、围绕的感觉，使观众感受到主体的全貌和周围环境的氛围。

环绕镜头可以突出主体的重要性和独特性，同时也能够营造出一种紧张、动感的氛围。在建筑物的拍摄中，环绕镜头能够展示出建筑物的各个角度和细节，让观众更好地了解建筑的结构和特点。在雕塑物体的拍摄中，环绕镜头可以表现出雕塑的立体感和纹理。

此外，环绕镜头也常用于特写画面的拍摄，通过围绕被拍摄对象的运动，使观众更全面地感受到被拍摄对象的特点和情感。

总体来说，环绕镜头是一种表现手法，通过旋转的运动将镜头围绕拍摄主体，营造出一种环绕、围绕的效果，增强画面的张力和观赏性。在合适的情境下使用环绕镜头，可以带给观众一种沉浸式的观影体验。

例如，某拍摄建筑的短视频作品中，就采用了环绕镜头，围绕建筑这一主体进行环绕拍摄，营造一种巡视般的视觉效果，如图 3-24 所示。

图 3-24　环绕镜头的应用

### 8. 综合运动镜头

综合运动镜头是一种将摄影机的多种运动形式连续拍摄的单个镜头。它可以包括拉镜头（通过变焦镜头调整远近视野）、移镜头（通过摄影机移动来改变视角）等多种运动镜头的综合应用。

使用综合运动镜头可以在一个镜头内创造出多种不同的运动效果，从而丰富了画面的表现力。例如，在一个综合运动镜头中，先使用拉镜头将焦点从一个远处的主体逐渐拉近，然后再通过移镜头改变视角，突出主体或展现周围环境。

这种综合运动镜头的应用可以帮助导演传达不同的情感和叙事效果。例如，在电影中，综合运动镜头经常被用来表达人物的心理变化、紧张氛围的营造，或者是展示宏伟场面时的视觉冲击力。

综合运动镜头需要导演和摄影师精确地规划和操作，以保证镜头变化的流畅性和符合叙事需要。通过巧妙地组合和应用不同的镜头运动形式，综合运动镜头可以带给观众更丰富的视觉体验和感受。

# 任务 3.5　使用单反相机拍摄短视频的操作要点

虽然单反相机主要是用于摄影，但其视频拍摄功能也非常强大，可以拍摄出高质量的短视频作品。下面是一些单反相机拍摄视频的操作要点，以帮助短视频创作者获得专业级别的视频效果。最重要的是，熟悉你所使用的单反相机的功能和操作，不断练习和尝试，随着经验的积累，你将能够拍摄出专业水准的短视频作品。

## 子任务 3.5.1　设置视频录制格式和尺寸

在选择视频录制格式时，可以根据需求来决定。MOV 格式通常适用于高质量视频，适合后期剪辑和处理；而 MP4 格式则适合在移动设备上播放和共享。如果需要后期编辑，建议选择 MOV 格式。

在选择视频尺寸时，可以考虑拍摄场景和输出需求。较大的画面尺寸（如1920×1080）可以提供更高的分辨率和更清晰的画质，适合用于电视或大屏幕播放；较小的画面尺寸（如 1280×720 或 640×480）则可以减小文件大小，更适合在网络上共享。帧频则决定了视频的流畅度，一般 25fps 已经足够平滑。

总之，在拍摄视频之前，确保设置好合适的视频录制格式和尺寸，可以避免后期的麻烦和问题，从而能够更好地记录和分享美好瞬间。

市面上大多数单反相机的视频拍摄功能都支持高清视频拍摄，一般建议选择1920×1080 分辨率、25fps 的帧率以及 MOV 格式。这样的设置通常可以获得良好的视频质量，并且兼容性较好，适用于大多数场景。

当然，如果有特殊需求，比如要求更高的分辨率或帧率，或者需要特定的视频格式，也可以根据自己的需要进行调整。不同的单反相机型号可能支持的设置选项有所差异，可以参考相机的说明书或者在设置菜单中找到相应的选项进行调整。

拍摄视频前的设置是非常关键的一步，应该根据实际需求来选择合适的视频录制格式和尺寸，从而确保拍摄出符合要求的高质量视频。

设置视频录制格式和尺寸的界面如图 3-25 所示。视频的尺寸和帧率会影响视频文件的存储空间。

图 3-25　设置视频录制格式和尺寸

较大的视频尺寸会占用更多的存储空间，因为更高的分辨率意味着更多的像素。例如，高清视频的尺寸为1920×1080，相比于较低分辨率的视频，它所需要的存储空间会更大。帧率也会影响视频的存储空间。帧率表示每秒钟播放的图像数量，帧率越高，视频的动作就会看起来更加流畅。然而，更高的帧率会导致视频文件变大，因为它需要更多的图像信息来呈现更多的细节和流畅的动作。

一般来说，大多数视频的帧率为25fps，这是一种常用的帧率，可以提供较为流畅的视觉效果。如果需要慢动作的效果，可以选择更高的帧率，如50fps。不过需要注意的是，更高帧率的视频会占用更多的存储空间，并且在播放时也需要更高的性能支持。

因此，在选择视频的尺寸和帧率时，需要根据实际需求和存储空间的可用性进行权衡，以便获取到适合的视频质量和文件大小。

## 子任务 3.5.2　设置曝光模式

控制视频曝光的参数设置是影响视频作品质量的关键因素。在拍摄视频时，光圈值、快门速度和感光度（ISO）三者共同决定了视频的曝光情况。

对于单反相机，一般有4种曝光模式可供选择，如图3-26所示。

（1）手动曝光模式（M挡）：在这种模式下，可以自己手动设置光圈值、快门速度和ISO值，完全控制曝光参数，具有最大的创作自由度和灵活性。

（2）光圈优先曝光模式（A挡/Av挡）：在这种模式下，可以手动设置光圈值，相机自动调整快门速度和ISO值，保持光圈值不变，以实现对景深的控制。

图3-26　单反相机的4种曝光模式

（3）快门优先曝光模式（S挡/TV挡）：在这种模式下，可以手动设置快门速度，相机自动调整光圈值和ISO值，以实现对运动的控制。

（4）程序自动曝光模式（P挡）：在这种模式下，相机会自动设置光圈值和快门速度，同时根据光线条件自动调整ISO值，以实现合适的曝光。

选择合适的曝光模式取决于具体的场景和拍摄需求。手动曝光模式（M挡）提供最大的控制权，适合对曝光有精细要求的场景；光圈优先模式（A挡/Av挡）适合追求景深控制的情况；快门优先模式（S挡/TV挡）适合捕捉运动场景；程序自动曝光模式（P挡）则提供了自动曝光的便捷性。

通过合理选择和调整这些曝光参数，可以获得适合场景和创作需求的视频曝光效果，从而提高视频作品的质量。

在单反相机中，AUTO（全自动）模式会自动设置光圈、快门、感光度和白平衡等参数，并且拍摄者只需按下快门即可。这种模式适合对摄影技术不熟悉或者想要快速拍摄的情况，但是由于自动设置的参数较少，所以画质可能不一定能达到预期效果。

而 P 挡模式（程序自动曝光模式）相对灵活一些，它会自动设置光圈和快门，但其他拍摄参数，例如感光度和白平衡，仍然需要手动调整。这样一来，拍摄者可以在保持曝光合适的前提下，通过手动调整其他参数来实现更多的创意和控制。

尽管 AUTO 和 P 挡模式提供了一定程度的自动化，但对于追求更精细的曝光控制和创作的摄影爱好者来说，手动曝光模式（M 挡）、光圈优先模式（A 挡 /Av 挡）和快门优先模式（S 挡 /TV 挡）通常更受青睐。这些模式允许用户自行调整所有拍摄参数，以全面掌控拍摄效果。

因此，根据拍摄目的和创作需求的不同，选择合适的曝光模式以及手动调整相关参数，能够更好地实现所需的视频拍摄效果。

### 子任务 3.5.3　设置快门速度

快门是相机的一个重要组成部分，它控制光线进入相机，照射到感光元件（如胶片或图像传感器）上的时间长度。

在拍摄时，可以通过 M 挡（手动曝光模式）和 S（TV）挡（快门优先曝光模式）对快门进行相应的调整。

在 M 挡中，可以手动设置快门速度以控制曝光时间，从而达到理想的曝光效果。这对于需要精确控制曝光的情况非常有用，例如在特定光线条件下或需要特定的曝光风格时。

而在 S（TV）挡中，设置快门速度，相机会自动调整光圈值和其他参数（如 ISO）来实现合适的曝光。这种模式特别适用于拍摄快速运动物体或需要冻结动作的场景，因为它允许设置更快的快门速度，以拍摄清晰的图像。

选择合适的快门速度取决于拍摄的主题和效果需求。较慢的快门速度可以捕捉到运动的轨迹和模糊效果，而较快的快门速度可以冻结运动并捕捉细节。

因此，通过合理地调整快门速度，并结合其他曝光参数如光圈值和 ISO，可以控制曝光时间和拍摄效果，从而实现所需的摄影创作。

如果在拍摄运动的物体时，主体出现模糊，通常是因为快门速度设置过低，导致曝光时间较长，无法冻结运动。在这种情况下，可以使用快门优先模式来解决。在快门优先模式中，可以手动设置快门速度，相机会自动根据光线条件调整光圈和其他参数来实现合适的曝光。通过适当提高快门速度，可以减少曝光时间，从而冻结运动，拍摄到清晰的图像。

具体的快门速度取决于拍摄的主题和运动的速度。例如，拍摄行人可能需要设置大约 1/125 秒的快门速度，而拍摄下落的水滴可能需要设置更高的快门速度，如 1/1000 秒，以便迅速冻结水滴的运动。

【小提示】在拍摄照片时，快门速度越慢，画面的运动模糊越明显；反之，快门速度越快，画面越清晰、锐利。但拍摄视频与拍摄照片的快门设置所有不同，拍摄视频时通常需要频繁地移动相机和镜头来变换和调整合适的角度。所以，为了保证视频画面播放更符合人眼视频画面的运动效果，一般将快门速度设置为拍摄视频帧率的 2 倍，如果拍摄视频帧率设置为 25fps，则需要将快门速度设置为 1/50 秒。如果快门速度设置快了，则拍摄的视频会出现不连贯的现象，如果快门速度设置慢了，则拍摄的视频会出现拖影的效果。

## 子任务 3.5.4　设置光圈

在摄影中，光圈是指镜头的光圈大小，用于控制相机镜头前进入相机的光线量。它决定了镜头孔径的大小，通过调整光圈值，可以控制相机曝光和景深。

圈值常用 F 值表示，例如 F/2.8、F/4、F/5.6 等。F 值越小，光圈越大，相机前进光线量越多，画面越亮；反之，F 值越大，光圈越小，画面越暗。

在摄影中，光圈的作用有三个主要方面。

（1）曝光控制：光圈的大小直接关系到画面的亮度。通过调整光圈值，可以控制相机曝光，使画面正常曝光、过曝或欠曝。

（2）景深控制：光圈的大小也会影响到景深，即画面中前后景物体的清晰度范围。较大的光圈（小 F 值）会产生较小的景深，使主体清晰而背景模糊；而较小的光圈（大 F 值）会产生较大的景深，使整个画面都保持较好的清晰度。

（3）拍摄效果控制：光圈的大小还可以用于控制背景虚化效果。较大的光圈可以获得更强烈的背景虚化效果，使得主体更加突出；较小的光圈则会减少虚化效果，使整个画面清晰。

在实际拍摄中，光圈常常需要与快门速度和 ISO 值相互配合，以达到所需的曝光效果和图像效果。与其他拍摄参数一起，光圈的选择可以对拍摄结果产生重要影响，因此摄影师需要灵活运用并不断实践，以获得满意的效果。

在拍摄视频中，光圈主要用于控制画面的亮度和背景虚化效果。当光圈值较大（如 F/1.8），光线通过相机镜头的孔径较大，进入传感器的光量较多，因此画面会更亮。同时，较大的光圈值也可使得景深较浅，背景虚化效果更明显，从而让主体更加突出。

而当光圈值较小（如 F/16），镜头的孔径较小时，光线流入的量减少，画面会变暗。较小的光圈值也会导致景深较大，画面中的各个物体保持较好的清晰度。

在拍摄视频时，光圈的选择要根据实际场景和拍摄效果来决定。如果需要明亮的画面和强烈的背景虚化效果，则可以选择较大的光圈值；如果需要整体清晰度和较大的景深，则可以选择较小的光圈值。

同时，拍摄视频时还需注意其他参数的设置，如快门速度和 ISO，以保持适当的曝光和防止画面抖动。最好根据实际情况进行试拍和调整，找到最佳的光圈设置，以获得满意的拍摄效果。

【小提示】光圈只是摄影的一个要素，还需要与其他参数（如快门速度、ISO 等）相互配合，才能达到理想的拍摄效果。根据具体情况，灵活运用并不断实践，才能成为一位出色的摄影师。

### 子任务 3.5.5　设置感光度

感光度（ISO）是相机传感器对光信号的敏感程度的度量，它表示相机在特定光照条件下捕捉图像的能力，如图 3-27 所示。

感光度具有以下两方面的作用。

（1）曝光控制：感光度可以影响相机的曝光水平。较低的感光度（如 ISO 100）需要更多光线才能正常曝光，适用于光线充足的情况；而较高的感光度（如 ISO 1600 或更高）可以在光线较暗的条件下仍能获得正常曝光。通过调整感光度，可以灵活地在不同光线条件下控制曝光。

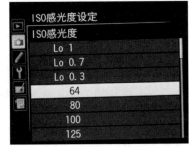

图 3-27　设置感光度

（2）噪点控制：较高的感光度可能会导致图像噪点的增加。图像噪点通常表现为像素色彩偏差和粗糙度，影响图像细节和清晰度。一般情况下，较低的感光度会产生较少的噪点，而较高的感光度会增加噪点的风险。因此，在选择感光度时，需要在满足曝光需求的同时平衡噪点的控制。

设置合适的感光度对于获得正确的曝光和控制图像噪点非常重要，感光度的设置要点如下。

（1）光线条件：根据实际的光线条件选择合适的感光度。当拍摄场景光线强大且充足时，可选择较低的感光度，以降低噪点的风险。当光线较暗或拍摄对象快速移动时，可以选择较高的感光度，以增强曝光和避免模糊。

（2）考虑噪点：在设置感光度时，需要平衡曝光和噪点之间的关系。如果画面中存在较多细节或需要较高的图像质量，可以选择较低的感光度；如果场景要求较高的曝光或需要更快的快门速度，可以适当提高感光度，但需要注意噪点的影响。

（3）手动或自动模式：感光度可以手动设置，也可以使用自动模式。手动模式允许更精确地控制感光度，适用于专业摄影师或需要特定曝光效果的场景。自动模式则根据拍摄条件智能地调整感光度，适用于一般拍摄需求。

【小提示】感光度只是摄影参数之一，还需综合考虑其他参数（如光圈、快门速度）来实现所需的拍摄效果。需要根据具体情况进行试拍和调整，以获得最佳曝光和最小的噪点。

### 子任务 3.5.6　调节白平衡

白平衡是相机用来校准色彩的参数之一，它的作用是调整相机对不同光源下的色温进行适当的补偿，以确保图像中白色物体呈现出真实的白色，从而使整个图像的色彩更加准确和自然。

白平衡的设置要点如下。

（1）了解不同光源的色温：不同光源的色温会导致图像呈现不同的色彩偏向。例如，白炽灯下的光色较暖，呈现黄色调；日光下的光色较冷，呈现蓝色调。了解不同光源的色温有助于正确地设置白平衡。

（2）自动白平衡（AWB）：大多数相机都内置了自动白平衡功能，它能根据光线条件自动调整白平衡。在一般拍摄条件下，自动白平衡通常可以提供相对准确的结果。但在特殊光线条件下，自动白平衡可能会出现误判，此时需要进行手动调整。

（3）预设白平衡模式：相机通常提供多种预设白平衡模式，如日光、阴天、白炽灯等。选择合适的预设模式可以根据环境光源的类型进行自动调整。这些预设模式是相机根据常见光源的色温进行设置的，可以提供相对准确的白平衡结果。

（4）手动白平衡：在特殊光线条件下或对于对色彩有更高要求的摄影师，手动白平衡是更直接和精确的调整方式。可以通过使用白平衡卡或利用相机菜单中的手动设置选项，将相机校准到特定的白色物体上，以确保图像中的颜色准确。

（5）实践与测试：由于不同相机和不同场景下的表现可能有所不同，建议在实际拍摄前进行一些测试，观察和比较不同白平衡设置下的图像色彩，并根据实际需要进行调整。

正确设置白平衡可以确保图像中的色彩准确和自然。根据不同的拍摄环境和需求，选择合适的白平衡模式或手动调整，以获得符合预期的色彩效果。

使用单反相机拍摄视频时，建议手动调节白平衡，即手动调节色温值（K 值），如图 3-28 所示。

图 3-28　调节白平衡

### 子任务 3.5.7　使用手动对焦

单反相机的对焦模式分为自动对焦模式（AF 模式）和手动对焦模式（MF 模式），如图 3-29 所示。单反相机在实时取景时的自动对焦能力较弱，并且自动对焦也会影响画面的曝光，因此，建议在拍摄视频时尽量使用手动对焦模式。

使用手动对焦模式拍摄视频，首先需要提前准备好一台带滑轨的三脚架，将单反相机固定到三脚架上，以保证拍摄画面的稳定。设置手动对焦模式的具体方法如下。

图 3-29　单反相机的对焦模式

**第1步：** 将对焦模式开关滑动至 MF 位置，开启手动对焦模式。

**第2步：** 按下"实时显示拍摄 / 短片拍摄"按钮，启动实时显示拍摄。

**第3步：** 通过"方向键"调整液晶监视器中的整体画面及构图，大致确定对焦位置。

**第4步：** 通过"自动对焦点选择 / 放大"按钮，将画面进行放大（每次按下"放大"按钮，图像放大5倍显示），从而清晰地找到画面中的主体。如果很难获得最佳对焦效果，可采用稍大动作操作对焦环，寻找最清晰的位置。

**第5步：** 半按下"快门"按钮，这时候也可以清晰地显示出画面了。当确定对焦位置并完成对焦后，应再次检查被拍摄对象及其周围环境是否发生了变化，确定画面整体没有问题后，轻轻地释放快门即可。

【小提示】不同品牌、不同型号的单反相机在按键上稍有差异，如有的单反相机"自动对焦点选择"按钮与"放大"按钮是合并在一起的，有的单反相机是分开的。在实际操作过程中，拍摄者根据自己单反相机的按键位置操作即可。

## 子任务 3.5.8 保持画面稳定

通常情况下，使用单反相机拍摄视频需要借助三脚架或手持云台稳定器来获得清晰、稳定的画面效果。在选择稳定器时，拍摄者要考虑稳定器的跟焦性能，现在的稳定器都有跟焦轮，但不同品牌的稳定器对单反相机的支持是不一样的，有些稳定器可以直接控制机身内部的电子跟焦。此外，稳定器的调平也很重要，精准的调平可以保证画面保持水平且稳定。

如果需要长时间手持单反相机拍摄视频，应尽量选择支持"IS 光学防抖"的镜头，并且建议使用广角镜头进行拍摄，因为长焦镜头会放大手抖所带来的影响，而广角镜头则不是那么明显。

使用单反相机拍摄美食短视频的操作要点如下。

（1）设置视频录制格式和尺寸：在相机的设置菜单中，选择适合的视频录制格式和分辨率。通常常见的格式是 MP4，分辨率可以根据实际需要选择，一般 1080p（全高清）是一个不错的选择。

（2）设置曝光模式：根据拍摄场景和光线条件，选择适当的曝光模式。可以使用自动模式，或者选择某个特定的曝光模式（如光圈优先模式、快门优先模式）来控制曝光。

（3）设置快门速度：根据需要控制快门速度，如果想要捕捉细节和清晰度，可以选择较快的快门速度。

（4）设置光圈：光圈大小会影响景深，即焦点区域的清晰范围。对于美食拍摄，通常选择较大的光圈（小数值）来获得浅景深，突出被拍摄食物的细节和美感。

（5）设置感光度：根据光线条件，调节感光度（ISO）来控制图像的亮度。尽量选择较低的感光度，以避免过多的噪点和图像失真。

（6）调节白平衡：白平衡影响图像的色温，确保被拍摄的食物呈现真实的颜色。可以使用自动白平衡，或根据光源的颜色选择适当的白平衡模式。

（7）使用手动对焦：手动对焦可以更好地控制焦点和清晰度。在美食拍摄中，特别是近距离拍摄，手动对焦可以确保食物的细节清晰可见。

注意，以上是一般的操作要点，具体设置会根据拍摄需求和环境条件而有所不同。在拍摄过程中，建议不断试拍和调整参数，根据实际情况进行微调，以获得最佳的拍摄效果。

## 课堂实训——使用手机拍摄短视频的操作要点

观看视频

即使是新手小白，在掌握一定手机拍摄技巧之后，也能拍出具有大片感的短视频。特别是近年来，随着各种品牌手机的配置越来越高，手机拍摄功能日趋成熟，比如，在视频拍摄方面增加了超感光录像、变焦录像功能，这些功能可以帮助创作者拍摄出更优质的短视频。因此，短视频创作者只需掌握手机拍摄短视频的要点，如选择画幅尺寸、选择拍摄模式、选择手动对焦等，也能拍摄出精美的短视频作品。

### 1. 选择画幅比例

视频画幅比例确实是指视频画面的宽高比，而手机拍摄短视频常见的画面宽高比包括16:9、9:16、1:1 和 4:3 等。这些比例各有特点和适用范围。

（1）16:9：这是最常用的宽屏比例，也是大多数手机默认的画面宽高比。它的宽度是高度的 1.78 倍。

（2）9:16：这是竖屏播放的常见比例，适用于一些社交媒体平台如 Instagram 和 TikTok 等。它的宽度是高度的 0.5625 倍。

（3）1:1：这是一个正方形的宽高比，适用于一些社交媒体平台如 Instagram 和 Facebook 等。它的宽度和高度相等。

（4）4:3：这是一个较传统的比例，适用于一些特定的播放平台或老式电视。它的宽度是高度的 1.33 倍。

除了上述常见的比例外，一些手机还可以提供其他自定义的宽高比选项。例如，一些手机可能提供 18:9 或 19.5:9 等比例选项，以适应不同的需求。

选择合适的画面宽高比取决于你的创作需求和目标受众。不同的比例可以带来不同的视觉效果和观赏体验。因此，在拍摄短视频时，你可以根据需求选择最适合的画面宽高比，以确保呈现出最好的效果。

如图 3-30 ～图 3-32 所示分别为 9:16、1:1（正方形）、2:3 画幅尺寸的视频画面截图。

使用手机拍摄短视频时，短视频创作者首先应该选择拍摄视频的画面宽高比例，如果选择竖屏拍摄，其画面宽高比例为 9:16；如果选择横屏（宽屏）拍摄，其画面宽高比例为 16:9。

选择哪种画面宽高比例来拍摄，取决于短视频创作者拍摄视频的用途，如果短视频创作者拍摄的视频是用在横屏（宽屏）的投影仪上进行播放，则可以选择宽屏来拍摄，即 16:9 的画面宽高比例。如果短视频创作者拍摄的视频是用在竖屏的广告牌上进行播放，则可以选择竖屏来拍摄，即 9:16 的画面宽高比例。

图 3-30　9:16 画幅尺寸

图 3-31　1:1 画幅尺寸

图 3-32　2:3 画幅尺寸

　　如果视频主要用在社交媒体上，那么这种视频既可以用横屏（宽屏）来拍摄，也可以用竖屏来拍摄，最后根据实际情况来调整视频的画面宽高比例即可。例如，所需短视频的实际画面宽高比例为 1:1 的正方形，这时就需将所拍摄的视频（竖屏或横屏）进行调整后再使用，调整视频画面宽高比例的方法如下。

　　**第 1 步**：在手机（这里以 iPhone 13 手机为例）上打开需要调整画幅尺寸的视频，单击页面右上角的"编辑"按钮，如图 3-33 所示。

　　**第 2 步**：在视频编辑页面中，单击页面右下角的▣按钮，如图 3-34 所示。

图 3-33　单击"编辑"按钮

图 3-34　单击▣按钮

第 3 步：进入视频编辑页面，单击页面右上角的 ▥ 按钮，如图 3-35 所示。

第 4 步：选择画幅尺寸（这里以选择"正方形"为例），单击页面右下角"完成"按钮，如图 3-36 所示。

图 3-35　单击▥按钮

图 3-36　单击"完成"按钮

【小提示】横屏画面可以更好地展示背景和环境，适合展现更多的内容和场景，而竖屏画面则更侧重于人物的展示和视觉冲击力。

对于 Vlog、风景等短视频，横屏拍摄通常可以呈现更全面、更丰富的画面，可以展示出背景和环境，同时可以在视频的上下部位添加相关信息和文字说明，以便于观众更好地理解和欣赏视频内容。

而对于生活类、娱乐类等短视频，竖屏拍摄更适合，因为竖屏能够更好地突出人物形象，让人物成为画面中的焦点，对于打造 IP 形象和营造人物视觉冲击力非常有效。此外，竖屏还更符合手机使用习惯，方便观众在手机上直接观看。

当然，选择合适的画面宽高比还需要考虑具体的创作需求和目标受众，你可以根据实际情况灵活运用这一原则，以达到最佳的视觉效果和沟通效果。

2. 选择拍摄帧率

帧率指的是每秒钟显示的静止图像数量，通常以 fps（frames per second）表示。常见的手机摄影帧率选项包括以下几种。

（1）24fps：这是电影中最常用的帧率，可以呈现出电影般的流畅感和自然感，适合拍摄具有电影质感的短视频。

（2）30fps：这是常用的标准帧率，适合拍摄大多数场景和主题。它能够提供平滑的画面，常用于记录日常生活、旅行、自然风景等。

（3）60fps：这是一种更高的帧率，可以提供更加流畅的视频效果，尤其适用于拍摄运动、快速移动物体或需要做慢动作处理的场景。

选择合适的帧率取决于你的拍摄主题、场景和所需效果。如果你追求电影质感和较为缓慢的画面感觉，可以选择24fps；如果你想要平滑自然的画面效果，可以选择30fps；如果你拍摄的是运动或需要更快画面速度的场景，可以考虑使用60fps。

此外，一些手机还提供更高帧率选项，如120fps或240fps，用于拍摄慢动作视频或高速运动场景。这些帧率选项可以捕捉到更多的细节和动作，但会占用更多的存储空间。

最重要的是，选择帧率时还要考虑到视频文件大小和存储需求。较高的帧率通常会占用更多的存储空间，所以你需要根据拍摄时长和存储容量来权衡选择。

如果想用手机拍出高清视频，在拍摄之前，一定要先选择手机的拍摄帧率。以iPhone X手机为例，选择拍摄帧率的操作如下。

第1步：在手机上打开"设置"图标，如图3-37所示。

第2步：在设置页面中单击"相机"选项，如图3-38所示。

图3-37　打开"设置"图标

图3-38　单击"相机"选项

第3步：进入相机设置页面，单击"录制选项"选项，如图3-39所示。

第4步：在录制视频页面中，选择帧率（这里以选择4K，60fps为例），如图3-40所示。

根据以上步骤，再返回相机即可看到所选择的拍摄帧率。在选择拍摄帧率时，还能看到如1080p、4K等分辨率的字样。

图 3-39　单击"录制视频"选项

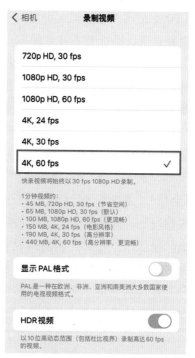

图 3-40　选择帧率

### 3. 选择拍摄模式

在拍摄视频时，短视频创作者可以根据拍摄的环境、对象和要求，选择不同的拍摄模式。手机拍摄视频时，可以选择以下几种拍摄模式以获得不同的效果。

（1）自动模式：这是最常用的模式，手机会根据环境光线和场景自动调整曝光、白平衡等参数，适合一般的拍摄需求。

（2）手动模式：手动模式允许用户完全掌控相机参数，包括曝光、焦距、白平衡、ISO 等，适合对拍摄效果有特殊要求或希望自由调节的用户。

（3）HDR 模式：高动态范围（HDR）模式能更好地处理明暗对比较大的场景，将多张不同曝光的图片合成一张，保留更多细节和色彩，适合拍摄有明暗差异的场景。

（4）微距模式：微距模式可以拍摄非常近距离的物体细节，让观众能够看到更多微小的细节和纹理，适合拍摄昆虫、花朵等小物体。

（5）美颜模式：美颜模式可以对录制的视频进行实时美颜处理，调整肤色和皮肤纹理，使拍摄的人物看起来更加美丽，适合自拍或人物特写。

（6）夜景模式：适用于拍摄暗光环境下的景物，可以通过增加曝光时间和降低 ISO 值来提高亮度和细节。

（7）人像模式：适用于拍摄人物，可以通过虚化背景突出人物，以及进行美颜和肤色优化。

（8）风景模式：适用于拍摄广角景物，可以增加对比度和色彩饱和度，拍摄出生动鲜艳的照片。

（9）专业模式：专业模式类似于手动模式，可以控制各个参数，同时还提供了更多专业级的设置选项，适合有高要求的专业摄影师或摄像师。

以上是一些常见的手机拍摄视频模式，你可以根据拍摄的场景和需求自行选择合适的模式。另外，不同手机的拍摄模式可能会有所差异，可以根据手机的具体功能来决定使用哪些模式。

这里以华为（P40）手机为例，打开手机中相机的录像功能，可以看到"录像""专业""更多"等选项，如图 3-41 所示。其中，"录像"就是通常所说的自动拍摄功能；"专业"就是通常所说的手动拍摄模式；"更多"是指手机的一些其他特殊拍摄模式，如"慢动作""全景""黑白艺术""流光快门""高像素"等拍摄模式，如图 3-42 所示。

通常情况下，大多数人在拍摄视频时都使用了自动模式（录像），都是直接打开相机，然后单击"录像"按钮就开始拍摄视频了，在自动模式下手机会根据当时的拍摄环境和对象对画面进行对焦和优化，非常简单，这也体现了手机拍摄方便、简洁、易用的特点。但对于部分喜欢摄影的用户来说，要拍摄出更加出色的照片和视频，自动拍摄模式就无法满足了，这时使用手动模式（专业模式）就成了他们的最爱，因为手动模式可以满足他们在不同场景中按照自己的想法拍摄出更加优秀作品的愿望。专业模式可以手动控制视频拍摄的所有参数，从而营造出理想视觉效果，如图 3-43 所示。

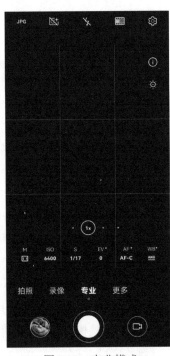

图 3-41　打开录像功能　　　图 3-42　更多拍摄模式　　　图 3-43　专业模式

专业模式（手动模式）下可以调节的常用参数有：M（测光方式）、IOS（感光度）、S（快门速度）、EV（曝光补偿）、AF（对焦方式）、WB（白平衡）等参数，这些常用参数的功能和作用如表 3-1 所示。

表 3-1　专业模式下的常用参数的功能与作用

| 参 数 名 称 | 调 节 要 点 |
|---|---|
| M<br>（测光方式） | 控制摄像机如何测量光线来确定曝光水平。常见的测光方式有评价测光、中央重点测光、点测光、平均测光等，可以选择最适合场景的测光方式。<br>评价测光（又称为多区域测光）：手机将整个画面分为多个区域进行测光，然后综合各个区域的亮度进行曝光计算。这种测光方式适用于大部分场景，能够平衡整个画面的亮度。<br>中央重点测光：手机主要关注画面中央的亮度进行测光，将中央区域的亮度作为曝光的参考点。这种测光方式适用于主体集中在画面中央的场景，可以准确曝光主体。<br>点测光：手机在被用户指定的焦点位置进行测光，将该点亮度作为曝光的依据。这种测光方式适用于特别需要准确曝光的情况，如背景明亮而主体处于阴影中的情况。<br>平均测光：手机将整个画面的亮度进行均匀计算，然后进行曝光。这种测光方式适用于整个画面亮度较为均衡的情况 |
| IOS<br>（感光度） | 控制相机对光的敏感度。较高的 ISO 值可以增加拍摄在低光条件下的亮度，但也会引入噪点。较低的 ISO 值可以减少噪点，但需要更多的光线 |
| S<br>（快门速度） | 控制相机曝光时间的长短。较慢的快门速度可以捕捉到运动的轨迹且让图像明亮，而较快的快门速度可以冻结运动并得到更清晰的图像 |
| EV<br>（曝光补偿） | 用于对照片的明暗程度进行手动调整。可以通过增减曝光补偿值来调整照片的明暗程度，适应不同光照条件或个人的创作需求 |
| AF<br>（对焦方式） | 对焦方式可以根据具体的手机型号和相机应用程序的不同而有所差异，但一般来说，以下几种方式是较常见的手机对焦方式。<br>自动对焦（Auto Focus，AF）：摄像头会根据被拍摄物体的位置和清晰度自动调整焦距，以确保照片或视频的主体清晰。<br>手动对焦（Manual Focus，MF）：用户可以手动调整摄像头的对焦距离和焦点，通过触摸屏幕或调整相机设置来进行精确对焦。<br>触摸对焦（Touch Focus）：通过触摸屏幕上的特定区域，摄像头会将焦点锁定在该区域上，确保该区域的物体清晰。<br>连续自动对焦（Continuous Auto Focus，CAF）：摄像头会持续不断地进行自动对焦，特别适用于拍摄移动物体或连续拍摄的情况。<br>脸部识别对焦（Face Detection Focus）：摄像头会通过人脸识别技术识别出人脸，并自动对焦于人脸区域，确保人像清晰 |
| WB<br>（白平衡） | 控制相机如何校正场景光线的颜色温度，保证白色看起来真实。通过选择不同的白平衡模式，例如自动白平衡、阴天、阴影、白炽灯等，可以调整图像中的色彩偏差 |

　　不同的拍摄模式可以给短视频创作者带来不同的画面效果。根据拍摄需求和实际情况，选择合适的拍摄模式可以让短视频更加生动、有趣或专业。

　　例如，如果需要拍摄一段拍摄人物静止的镜头，可以选择 AF-S 模式，确保人物处于清晰对焦状态，让观众能够清楚看到人物细节。

　　而如果需要拍摄一段运动的场景，如运动员在比赛中奔跑，可以选择 AF-C 模式，保持连续自动对焦，跟踪运动员的位置并保持清晰度，以捕捉到运动的动态感。

　　对于一些创意拍摄，短视频创作者也可以尝试手动对焦（MF）模式，通过调整焦距和焦点来实现特定的效果，例如模糊背景或突出主体等。

总之，合理选择拍摄模式可以帮助短视频创作者更好地表达自己的创意和呈现所需的画面效果。

4.选择手动对焦

智能手机通常都具备自动对焦功能，可以根据环境和距离来自动调整摄像头的焦距，确保拍摄画面的清晰度。这使得拍摄变得更加方便和快捷。然而，在一些特殊情况下，手动对焦仍然是必要的，特别是当需要调整视频画面的亮度和曝光度时。以下情况可能需要使用手动对焦。

（1）弱光环境：在光线较暗的环境中，自动对焦可能无法准确识别焦点，导致画面模糊或暗淡。此时，通过手动调整焦距和曝光度，可以获得更清晰和明亮的画面。

（2）高对比度场景：当拍摄场景中存在明暗差异较大的区域时，自动对焦可能会在明亮或暗处的焦点选择上出现偏差。手动对焦可以确保重点放在想要突出的区域上，避免画面过曝或过暗。

（3）运动场景：自动对焦通常会优先跟踪静止的物体，而在快速移动的场景中可能无法及时调整焦点。手动对焦可以帮助你在拍摄运动场景时保持清晰的焦点。

综上所述，虽然自动对焦功能已经非常智能和方便，但在特定情况下，手动对焦仍然可以发挥作用，通过手动调整焦点、亮度和曝光度，获得更加满意的拍摄效果。

下面以 iPhone 13 手机为例，手动对焦的操作如下。

**第1步**：在手机上打开"相机"图标，选择"视频"模式，可以看到手机自动对焦的画面，如图 3-44 所示。

**第2步**：先点按屏幕选择焦点（即拍摄的对象），长按3秒，即可完成锁定对焦，再上下滑动可以调整画面的亮度和曝光度，直至画面清晰，如图 3-45 所示。

图 3-44　手机自动对焦的画面

图 3-45　手动对焦后的画面

所以，不要为了怕麻烦而一味地使用自动对焦，在某些特殊的情况下，使用手动对焦可以大大提高视频画面的清晰度。

## 课后练习

1. 阐述拍摄视频景别的概念与特点。

2. 练习使用手机拍摄同一物体的特写、近景、中景等镜头。

3. 用推镜头、拉镜头、移镜头等运镜方式拍摄公园中的水景瀑布。

# 项目4 短视频剪辑思路

## 学习目标

- 了解短视频剪辑的基本流程。
- 掌握短视频的组接原则。
- 掌握声音与字幕处理。

通过本项目多个任务的学习，读者可以熟练掌握短视频剪辑的基本流程、组接、声音处理、字幕处理等基础知识。

# 任务 4.1　短视频剪辑的基本流程

剪辑是指在编辑视频、音频等方面，通过对选定的素材进行剪裁、调整顺序、增删特效等手段，达到一定的艺术效果或者表现手法。剪辑可以是电影、电视剧、纪录片等各种形式的视频和音频作品的后期制作过程，也可以是一些个人短视频、音频制作等。

剪辑是短视频后期制作中最基础、最重要的部分，其他的步骤需要在剪辑完成之后才能展开。因此，本任务将学习短视频剪辑基本流程的相关知识，为后面的短视频后期制作打下坚实的基础。

## 子任务 4.1.1　剪辑前准备

在进行短视频剪辑前，需要先做好剪辑的准备工作，其准备工作流程如图 4-1 所示。

图 4-1　剪辑准备工作流程

下面将对剪辑前的准备工作流程进行介绍。

### 1. 熟悉素材

熟悉素材是视频剪辑前的必要步骤，可以帮助剪辑师更好地理解素材的特点和潜在可用性，从而在剪辑过程中做出更好的决策。以下是详细的流程。

（1）对素材进行初步浏览：开始时，观看素材的整体，大致了解拍摄的内容、场景和角色。这有助于熟悉整体叙事框架和素材的呈现方式。

（2）逐个素材进行观看：逐一观看每个素材，专注于理解拍摄的细节。注意镜头的构图、动作和表演的细节，以及拍摄角度和摄像机运动的选择。了解每个素材的特点，以便后续使用时能够更好地应用和组合。

（3）了解素材的质量和可用性：评估每个素材的质量，包括画面清晰度、光线情况和声音质量。同时，考虑素材的可用性，判断其是否符合剪辑的要求和目标。

（4）标记和分类素材：对于每个素材，可以使用剪辑软件或其他工具进行标记和分类。例如，给素材增加标签、关键词或注释，方便后续查找和使用。

（5）确定每个素材的潜在用途：根据素材的内容和特点，思考如何在剪辑中运用它们。考虑到剧情的需求和剪辑的构思，决定每个素材的最佳位置和作用，以创建连贯和流畅的叙事。

通过熟悉素材，剪辑师可以在剪辑过程中更好地理解和利用素材的潜力。这有助于提高剪辑的效果和质量，确保剪辑与拍摄目标和要求一致，最终创作出令人满意的短视频作品。

2. 剪辑构思

在熟悉了素材内容后，剪辑师可以结合拍摄出的素材和剧本，整理出剪辑思路，构思整个影片的结构和框架，然后通过构思好的结构框架，进行每个场景和片段的剪辑。

剪辑构思是视频剪辑的前期准备工作，它包括以下几个关键步骤。

（1）理解需求和目标：首先要明确视频的需求和目标。了解视频所要表达的主题、情感或宣传的信息，以及所面向的观众群体。这有助于确定剪辑风格、节奏和表现手法。

（2）观看素材并筛选：仔细观看素材，注意片段的质量、镜头的连贯性和演员的表演。根据素材的质量和适用性，挑选出最能支持剧情发展和表现目标的片段。

（3）确定剪辑结构：根据剧本或故事板，将素材按照一定的逻辑顺序进行排列，构建一个有条理和连贯的剪辑结构。考虑引人入胜的开场、高潮和结尾的呈现方式，以及需要强调的重点镜头。

（4）调整节奏和时间轴：根据剧情需要和观看体验，调整素材的节奏和时间轴。对于快节奏的情节，可以使用快速剪辑和快速切换镜头来增加紧张感；对于慢节奏的情节，则需要控制剪辑的节奏来延长镜头画面。

（5）添加特效和音效：根据需要，添加特效、转场效果和音效来增强视频的效果和观感。例如，使用过渡效果来平滑场景之间的过渡，或者使用滤镜和色彩校正来调整视觉效果。

（6）完善剪辑细节：在剪辑过程中，注意调整镜头的顺序、剪辑点的准确性和过渡的流畅性，确保每个镜头在剪辑上的衔接自然流畅，没有明显的断点。

剪辑构思是为后续的剪辑工作提供清晰的指导和方向。通过深入理解需求和目标、筛选素材、构建剪辑结构、调整节奏和添加效果，可以帮助实现一个有力、连贯、具有强烈表现力的短视频作品。

3. 整理素材

对视频素材进行整理和筛选分类是视频剪辑的重要环节。下面是具体的方法。

（1）创建文件夹结构：根据剪辑的结构框架，创建相应的文件夹来组织素材。可以按照场景、角色、拍摄日期等方式进行分类，确保素材的整理有条不紊。

（2）导入素材到剪辑软件：将素材导入剪辑软件中，确保素材的可用性。这可以在导入时将素材自动分配到相应的文件夹，方便后续的查找和使用。

（3）初步筛选素材：浏览素材文件夹，对每个文件夹的素材进行初步筛选。删除明显不合适或低质量的素材，只保留有潜力的素材。

（4）制定命名规范：为了方便快速找到需要的素材，制定一套命名规范。可以包括场景、角色、拍摄角度等信息，使得每个素材都有一个明确的标识。

（5）进一步筛选素材：根据剪辑的需求和目标，对剩下的素材进行进一步筛选。考虑剧情的发展和节奏，选择最适合的素材来进行剪辑。

（6）标记和整理：对每个选定的素材进行标记和整理。可以使用剪辑软件提供的标记工具，给素材加上标签、关键词或注释，方便后续查找和使用。

通过整理和筛选分类素材，可以帮助剪辑师有条理地管理素材，降低剪辑过程的混乱和冗余。这样可以提高剪辑工作的效率，同时保证剪辑的质量和一致性，最终创作出优秀的短视频作品。

## 子任务 4.1.2　粗剪

视频粗剪相当于为完整的短视频作品搭建一个整体框架，把多个视频素材进行拼接。例如，确定整个视频有哪些部分，每部分应该放在哪里，从而生成一个有开头、有中间、有结尾的完整视频。在这一步骤里，最为关键的一个操作环节就是剪切。通过裁剪多个视频素材的无用环节，再将有用视频内容进行拼接。

视频粗剪的工作任务主要包括以下几个方面。

（1）素材筛选：从众多视频素材中选择合适的素材，根据剧情需要、内容质量等进行筛选。

（2）素材剪辑：对选定的素材进行基本的剪辑操作，包括裁剪、分割、合并等，以便将所需的片段进行整合。

（3）整体构架设计：确定整个视频的结构和内容，包括开头、中间、结尾等部分，确定各部分的顺序和持续时间。

（4）视频拼接：将剪辑好的素材按照设计的构架进行拼接，使视频流畅连贯，并保持一定的节奏感。

（5）音频处理：对视频中的音频进行调整和处理，包括音量加减、音频剪辑等，以达到音视频的协调统一。

（6）过渡效果添加：在视频片段之间添加过渡效果，使画面转换更加自然和流畅，提升观赏体验。

通过以上工作任务，视频粗剪能够为完整的短视频作品搭建一个整体框架，并将多个视频素材进行有效的拼接和剪辑，最终生成一个有开头、有中间、有结尾的完整视频。

## 子任务 4.1.3　精剪

观看视频

精剪就是在粗剪的基础上进行"减法"的操作，修剪掉多余的部分，对细节部分进行精细调整，使镜头之间的组接更流畅，节奏更紧凑。在精剪过程中，还需要加入音乐和音效，并对字幕进行处理等。精剪并不是一两次就能完成后，需要反复调整，才能剪辑出满意的作品。

在精剪过程中，需要进行以下操作。

（1）修剪多余部分：通过剪切和删除多余的镜头，去掉无用的片段，保留精华内容，使视频更紧凑。

（2）细节调整：调整镜头的持续时间、速度，控制每个镜头的出现和消失时机，使组接更加流畅。

（3）添加过渡效果：使用各种过渡效果平滑镜头之间的转场，例如淡入淡出、百叶窗、闪烁等，使得转场更加自然。

（4）音乐和音效处理：添加背景音乐和合适的音效，强化视频的节奏感和氛围，使观众更好地融入视频中。

（5）字幕处理：设计和添加合适的字幕，包括标题、说明、注释等，使观众能够更好地理解视频内容。

（6）调色和滤镜：对视频进行调色和应用滤镜，增强画面效果，使视频更具艺术感和统一性。

在精剪过程中，可能需要多次反复调整和预览，直到达到满意的效果。通过以上操作，精剪能够进一步提升视频的质量和观赏性。

使用剪映 App 可以进行短视频的精剪操作，如果要进行短视频的修剪，则可以通过剪映 App 中的"剪辑"工具栏中的"分割"和"删除"按钮进行修剪操作，如图 4-2 所示；如果要加入音乐和音效效果，则可以通过剪映 App 中的"音频"工具栏中的"音乐"和"音效"按钮进行操作，如图 4-3 所示；如果要添加义字效果，则可以通过剪映 App 中的"文本"按钮进行操作。具体的操作详见项目 6，这里不进行详细讲述。

图 4-2 "剪辑"工具栏

图 4-3 "音频"工具栏

1. 特效

当精剪完短视频后，就可以进行短视频的特效处理，为短视频添加各种视频转场特效、合成特效、画面特效、人物特效、滤镜特效等视频效果，以达到预期的视觉效果。

这里以剪映 App 介绍添加人物特效为例，为视频人物增加一个"卡通脸"特效，增强视频的趣味性，具体操作如下。

**第 1 步**：打开剪映 App，单击"开始创作"按钮，如图 4-4 所示。

**第 2 步**：进入"视频"界面，勾选合适的视频，单击"添加"按钮，如图 4-5 所示。

**第 3 步**：进入视频编辑界面，在工具栏中单击"特效"按钮，如图 4-6 所示。

**第 4 步**：进入"特效"工具栏，单击"人物特效"按钮，如图 4-7 所示。

图 4-4　单击"开始创作"按钮

图 4-5　选择视频素材

图 4-6　单击"特效"按钮

图 4-7　单击"人物特效"按钮

**第 5 步**：进入"人物特效"界面，在"热门"分类界面下，单击选择"卡通脸"人物特效，如图 4-8 所示。

**第 6 步**：单击"√"按钮，即可添加"卡通脸"人物特效，并调整特效的开始和结束时间点，如图 4-9 所示。

2. 调色

使用调色功能可以调色出唯美的视频画面，比如，霓虹光感效果、蓝色梦幻海景效果、洁白纯净的雪景效果、浪漫的落日效果，以及具有年代烙印的复古色调等。调色一般分为以下两部分。

图 4-8　选择"卡通脸"人物特效　　　　　　图 4-9　添加"卡通脸"人物特效

（1）前期拍摄的视频经常会遇到拍摄的画面颜色有偏差或曝光不准确等情况，同一场景的镜头之间调色时也可能出现一致性的问题，此时就需要校正画面的颜色和曝光度。

（2）为了让画面颜色更好看，可以对视频画面颜色进行风格调整。

打开剪映 App，可以使用"滤镜"按钮，在"滤镜"界面中选择各种不同的滤镜效果进行调色处理，如图 4-10 所示；也可以使用"调节"按钮，在"调节"界面中对视频画面的亮度、对比度、饱和度、色调、光感等参数进行调整，如图 4-11 所示，具体的操作详见项目 6，这里不进行详细讲述。

图 4-10　选择不同滤镜效果　　　　　　　　图 4-11　调节参数值

观看视频

## 子任务 4.1.4　添加片头片尾

如同电影都有片头和片尾一般，大家也可以为短视频添加片头和片尾。而且，有头有尾的短视频作品更容易获得用户的青睐。这里以剪映 App 为例，详细讲解给视频添加片头、片尾的具体操作步骤。

**第 1 步**：打开剪映 App，导入一段"美食"视频素材，将时间线移至开始位置处，单击"+"按钮，如图 4-12 所示。

**第 2 步**：进入"素材库"，选择"片头"栏目下的"美食"选项，然后选择合适的美食片头视频，单击"添加"按钮，如图 4-13 所示，即可添加美食片头素材。

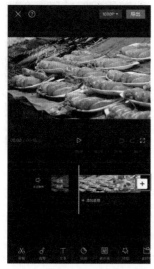
图 4-12　单击"+"按钮

图 4-13　选择片头素材

**第 3 步**：调整片头素材的显示大小，如图 4-14 所示。

**第 4 步**：将时间线移至视频素材的结尾处，单击"+"按钮，如图 4-15 所示。

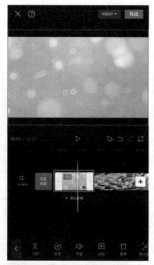
图 4-14　添加美食片头素材

图 4-15　单击"+"按钮

**第 5 步**：进入"素材库"，选择"片尾"栏目，然后选择合适的片尾视频，单击"添加"按钮，如图 4-16 所示。

**第 6 步**：将时间线移至视频素材的结尾处，单击"+"按钮，如图 4-17 所示。

图4-16 选择片尾素材

图4-17 添加片尾素材

观看视频

## 子任务4.1.5 成品输出

短视频剪辑的最后一步就是将完成的影片输出为可以在短视频平台上播放的文件，也就是从剪辑软件或剪映App中导出成片。这里以剪映App为例，讲解视频成品输出的操作步骤。

**第1步：**完成整个短视频的剪辑与制作后，单击视频编辑界面右上方的"导出"按钮，如图4-18所示。

**第2步：**开始导出视频，并在"努力导出中..."界面中显示导出进度，如图4-19所示。

**第3步：**稍后将完成短视频的导出操作，并显示完成信息，单击"完成"按钮即可，如图4-20所示。

图4-18 单击"导出"按钮

图4-19 显示导出进度

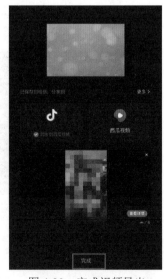

图4-20 完成视频导出

# 任务 4.2　短视频的组接

　　短视频的组接是将单独的镜头画面和声音进行组接，从而组合成一段完整的短视频。在组接短视频时，不是简单地将零散的镜头画面组接拼凑在一起，而是要根据一定的规律和目的进行组接，遵循短视频的组接原则，才能得到故事情节丰富的短视频。

　　本任务将学习短视频组接知识，其内容包含短视频组接原则、短视频中景别组接方式、镜头运动方式组接和镜头组接的时间长度等。

## 子任务 4.2.1　短视频组接原则

　　短视频是由若干个镜头画面组合连接起来成为一个整体，这种镜头组接也就是通常所说的转场，要想做到镜头组接流畅合理，应遵循以下 6 个原则，如图 4-21 所示。

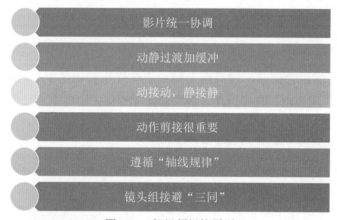

影片统一协调

动静过渡加缓冲

动接动，静接静

动作剪接很重要

遵循"轴线规律"

镜头组接避"三同"

图 4-21　短视频组接原则

下面对短视频的各个组接原则分别进行介绍。

### 1. 影片统一协调

　　短视频中各个镜头画面之间的连接要合乎逻辑规律，不能胡乱组合，给人以不知所云、无法理解或者牵强附会之感。各自然段落内的画面的色彩影调以及亮度应协调统一，且镜头画面的逻辑关系、情节内容、清晰度等都要保持一致，避免产生"接不上"的现象。

### 2. 动静过渡加缓冲

　　缓冲因素是指镜头中主体的动静变化和运动方向的变化，或者活动镜头的起止和动静变化等。因此，在动态画面组接静态画面，或者静态画面组接动态画面时，要添加缓冲因素进行镜头过渡。利用缓冲因素选取剪接点，可以让某一个镜头画面与前后镜头保持动接动、静接静的关系，做到镜头画面的切换流畅连贯。

### 3. 动接动, 静接静

一部完整的视频中既有动态画面，也有固定的静态画面。将视频中的镜头画面可以细分为主体运动、陪体静止镜头和主体静止、陪体运动镜头等，运动镜头又可分为摇移镜头和推拉镜头等。在这些镜头的编辑衔接中，要求动与动相互衔接，静与静相衔接，以保证画面组接连贯流畅。

### 4. 动作剪接很重要

在运动画面展示中，切忌前后镜头的画面动作相同重复，给人以多余和冗长感。如前一镜头画面的动作为动势，后一镜头画面的动作则应该选择变化的过程，以求动作连贯、变化自然。

### 5. 遵循"轴线规律"

在人物多种方向活动和来回运动时，要有一个轴线主导，以保证主体方向和位置的匹配统一。如果想要安排"跳轴"镜头，组接时应插入过渡镜头，如天空、花草、树木等画面。

### 6. 镜头组接避"三同"

同一主体画面的组合衔接，前后两个镜头应在景别和视角上有明显变化，切忌三同（同主体、同景别、同视角）直接组接，否则画面无变化，出现令人反感的"跳帧"效果。

## 子任务 4.2.2　短视频中景别组接方式

景别是指由于在焦距一定时，摄影机与被摄体的距离不同，而造成被摄体在摄影机录像器中所呈现出的范围大小的区别。景别一般分为特写、近景、中景、全景和远景 5 种，其组接方式有以下两种，如图 4-22 所示。

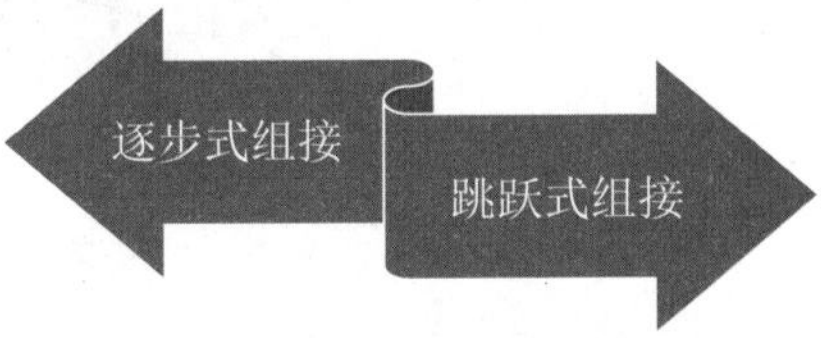

下面对短视频中景别的组接方式分别进行介绍。

图 4-22　短视频中景别组接方式

### 1. 逐步式组接

由于镜头景别包含特写、近景、中景、全景和远景，因此，在组接的过程中，一般可以按照景别逐步组接，逐步从远景到特写，或者从特写到远景组接。

1）由远及近（接近式）

由远及近的组接方式是：远景→全景→中景→近景→特写，该种组接方式常用于影片的开始，展示一个场景中的人物发生的事情。从大的环境开始逐步到环境中的人物或所发生的事情，从空间上产生"从远到近"的感觉。

2）由近及远（远离式）

由近及远的组接方式是：特写→近景→中景→全景→远景，该种组接方式常用于影片的结尾。从人物和所发生的事情逐步转到大的环境中，代表故事结束于这个环境，从空间上产生"从近到远"的感觉。

### 2. 跳跃式组接

跳跃式组接方式是将不相邻的景别直接组接，是短视频剪辑中最常用的组接方式。跳跃式组接可以由远景直接组接近景或者中景、特写，也可以远景直接组接特写等，其组接方式分别如下。

（1）远景→中景→特写。

（2）特写→中景→远景。

（3）远景→近景。

（4）远景→特写。

## 子任务 4.2.3　短视频中镜头运动方式组接

短视频中镜头的运动方式主要分为推、拉、摇、移、跟、升降和固定镜头 7 种方式。因此，在组接这些运动镜头时，需要注意以下 3 点。

#### 1. 不能组接运动方向相反的镜头

由于每个镜头的运动所表达的意义不同，如向前推的镜头表示"进入"，向后拉的镜头表示"离开"。在组接运动镜头时，不能将运动方向相反的镜头组接在一起，避免让视频画面出现混乱。例如，一个向左摇的镜头不能组接一个向右摇的镜头，一个向前推的镜头不能组接一个向后拉的镜头。

#### 2. 保持一致的运动速度

在拍摄运动镜头时，会出现运动速度不一样的情况。但是当组接运动镜头时，需要将两个运动镜头的速度保持一致，才能让镜头之间的运动流畅。如果一个运动得非常慢的镜头组接一个运动得非常快的镜头，则两个镜头画面运动时就会出现"跳跃"的情况。

#### 3. 去掉起幅和落幅

起幅是指运动画面最开始静止的部分，而落幅是指运动画面最后静止的部分。一般情况下，在组接不同运动方式的镜头时，需要先去掉起幅和落幅画面，再进行组接。

## 子任务 4.2.4　短视频镜头组接的时间长度

在组接短视频时，要注意每个镜头的时间长度。镜头组接的时间长度通过以下两个因素来决定。

（1）根据要表达的内容和观众对画面的接受能力来决定。

（2）根据画面构图和内容的复杂程度等因素来决定。

在通常情况下，远景和中景景别中所拍摄的画面内容较多，观众看清楚这些画面中的内容所需时间相对较长。而近景和特写景别中所拍摄的画面内容较少，观众看清楚这些画面中的内容所需时间相对较短。因此，在剪辑和组接短视频时，镜头所呈现的时间长度尽可能让观众看清楚画面的基本信息。

# 任务 4.3　声音与字幕处理

在短视频中，声音和字幕都扮演着至关重要的角色。声音能有效地传达情感，为视频增添情感层次，引导观众进入情境。而字幕则提供视觉上的辅助，帮助观众理解内容，尤其在语言障碍或音量过低的情况下，字幕的作用更加突出。两者相互配合，共同提升视频的传达效果。本任务将学习声音与字幕处理的相关内容。

## 子任务 4.3.1　声音的处理

在制作短视频时通常会对短视频中的声音进行处理，处理后的声音不仅可以提高音频的质量，确保声音清晰、悦耳，还可以增强情感表达和情境氛围，让观众更好地沉浸在视频所呈现的世界中。通过恰当的声音处理，可以大大提升短视频的观感和吸引力。

短视频中对声音的处理有多种常用方法，这些方法可以提高视频的观感和听觉体验。

- 音量调整：这是最基本的处理方式，通过调整音频的音量大小，可以确保声音清晰且不会过于刺耳。在剪辑和编辑过程中，合理地调整音频的音量大小是非常必要的。
- 声音剪辑：声音剪辑涉及对音频的切割、拼接和删除等操作。通过精确地切割和拼接，可以去除不需要的部分，使视频更加流畅。
- 音效添加：为视频添加合适的音效可以增强观感，例如在特定的动作或场景中加入特效音，或者使用环境音来营造氛围。
- 混音处理：对于有多轨音频的视频，混音处理是必不可少的。通过混音，可以平衡各个声音轨道的音量，确保对话、背景音乐和其他声音元素之间的和谐。
- 声音变调与变声：使用技术手段改变声音的音调和速度，或者将人的声音变成动物的声音等特殊效果，增加视频的趣味性。
- 语音识别与转换：利用语音识别技术，将视频中的对话转换成文字，方便观众阅读。同时，也可以将文字转换成语音，为无声的视频添加配音。
- 声音与画面同步：确保声音与画面内容同步，避免出现声画不同步的情况。对于有特殊要求的短视频，如歌舞片、戏曲片等，需要采用前期录音的方式保证同步。
- 动态音频调整：随着画面内容的变化，动态地调整音频的参数，如音量、音效等，使声音与画面更加协调。
- 语音转文字与字幕：对于语言障碍或听力不佳的观众，将视频中的对话转换为文字并显示在屏幕上，即生成字幕。语音转文字技术可以帮助快速准确地生成字幕。

- 声音与背景音乐的配合：选择合适的背景音乐可以增强视频的情感和氛围。同时，要确保背景音乐不会盖过对话或其他重要的音频元素。

以上这些方法可以帮助制作者在后期制作过程中对声音进行精细的处理和调整，从而提升短视频的整体质量。根据具体的视频内容和要求，可以选择适合的处理方式来达到最佳的效果。

## 子任务 4.3.2　字幕的处理

在短视频中，字幕通常是指以文字形式显示在屏幕上的对话、解说、说明等非影像内容。字幕主要用于帮助观众理解视频中的语音内容，特别是对于听力较弱或无法听清语音的观众来说，字幕是他们理解视频内容的重要途径。字幕还可以提供额外的信息，例如背景介绍、人物介绍等，帮助观众更好地理解视频的主题和背景。字幕的呈现方式有多种，可以是静态的、动态的，也可以是滚动或闪烁的。字幕的字体、颜色、大小、位置等样式也可以根据视频的风格和需要进行设计和调整。总之，字幕是短视频中重要的组成部分，它能够提高观众对内容的理解、增强记忆力和观看体验，使视频更加完整和易于理解。

在短视频中，字幕的处理方法主要包括以下几种。

- 添加字幕文件：将字幕文件与视频文件放在同一目录下，并确保字幕文件的格式与视频文件相匹配。在播放视频时，播放器会自动加载字幕文件，并在视频中显示字幕。
- 使用字幕软件：使用字幕软件，如 Aegisub、PopSub 等，可以方便地添加、编辑和修改字幕。这些软件提供了丰富的字体、颜色、样式等选项，可以自定义字幕的样式和位置。
- 裁剪视频画面：通过裁剪视频画面，可以将字幕置于画面内部，使其与视频内容融为一体。这种方法适用于字幕位置较高或较大的情况，但可能会牺牲部分画面内容。
- 遮盖字幕：通过添加贴纸、图像、新的字幕等元素来遮盖原有的字幕。这种方法适用于需要去除原有字幕的情况，但需要注意遮盖效果的自然和协调。
- AI 智能处理：利用 AI 智能技术可以自动检测视频中的字幕并对其进行处理。例如，可以使用 AI 技术自动识别和删除视频中的水印、字幕等元素。这种方法需要使用专业的 AI 处理软件或服务。

以上是常见的几种短视频中字幕的处理方法，不同的方法适用于不同的情况和需求，可以根据具体情况进行选择和操作。

本书主要讲解剪映和 Adobe Premiere 两款软件处理字幕的方法。下面以剪映 App 软件为例讲解字幕的常用编辑处理内容。

如图 4-23 所示为剪映 App 中的"字体"编辑页面，用户可以根据短视频的内容和画面风格来确定选择什么样的字体，以保持和视频内容、风格的协调统一。

如图 4-24 所示为"样式"编辑页面，在该页面中可以文字描边、发光、背景、阴影、排列、粗斜体、字号和不透明度等样式进行设置。

图 4-23 "字体"编辑页面

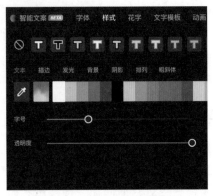

图 4-24 "样式"编辑界面

如图 4-25 所示为"花字"效果编辑页面，在该页面中包含有多种类型的花字样式，用户只要根据自己的需求进行选择即可。

如图 4-26 所示为"文字模板"编辑页面，在该页面中包含有多种类型的文字模板，用户只要根据自己的需求进行选择即可。

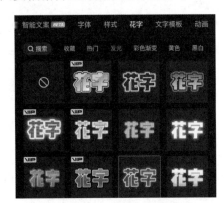

图 4-25 "花字"效果编辑页面

图 4-26 "文字模板"编辑页面

如图 4-27 所示为"动画"编辑页面，在该页面中包含入场、出场和循环等多种动画效果，用户只要根据自己的需求进行选择即可。

图 4-27 "动画"编辑页面

## 课堂实训——美食 Vlog 视频剪辑赏析

　　某短视频创作者将一道海鲜美食"捞汁小海鲜"的制作片段，进行剪辑后生成一条独具吸引力的美食 Vlog。在剪辑视频素材时，首先要明确主题，才能选取到符合主题的素材，如该条视频的主题为"捞汁小海鲜"。在确定主题后，整个视频的调色、声音、字幕等方面都围绕这一主题展开。

　　捞汁小海鲜在大多数人印象里都有美味、酸辣过瘾、开胃好吃等让人心情愉悦的因素。因此，为了让整个捞汁小海鲜这一道特别有名的家常菜体现出美食的色、香、味俱全，会让整个滤镜颜色偏暖色系，给人一种很强的视觉冲击力，如图 4-28 所示。

　　在音乐方面，视频则是应用了轻快、愉悦的背景音乐，与视频内容主题"美味"相呼应，为视频强调"酸辣美味"的满足感，如图 4-29 所示。

图 4-28　视频调色效果　　　　　　　　图 4-29　强调视频美味的画面

　　接下来看字幕，该条视频中共出现了两种字幕样式，第一种字幕是突出视频内容主题的台词文本，放置在视频画面上方位置，目的是便于用户理解"捞汁小海鲜"这道菜的做法、配料等重要信息，如图 4-30 所示。最后，为了向用户传达"捞汁小海鲜"这道菜的美味，创作者在视频结尾处放置了"超入味！"的提示文字，如图 4-31 所示。不管是普通的字幕还是信息提示文字，都选用了简洁的白色文字加上黑色描边，既与整个视频画面的主题色调相符，也便于用户阅读。

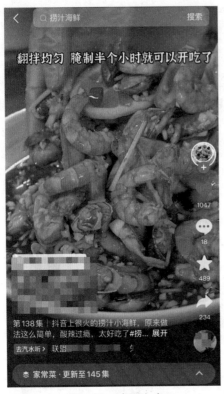

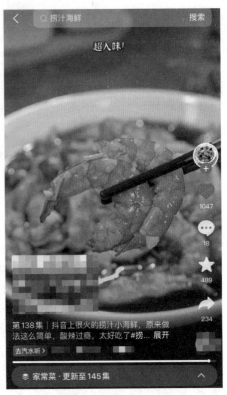

图 4-30 台词文本　　　　　　　　　　图 4-31 信息提示文字

　　整个视频的转场特效应用频繁，用于强化不同镜头下的故事感。整个视频所流露出来都是如何制作"捞汁小海鲜"这道菜，体现出菜肴的香味与美味、刺激人的味蕾，赢得不少热爱美食的用户的点赞、留言，从而提高了该视频的浏览量和互动量。

## 课后练习

　　1. 简述短视频剪辑的基本流程。

　　2. 剪辑一条有字幕和音乐的短视频作品。

　　3. 组接一条包含片头、片尾的短视频作品。

# 项目 5　抖音短视频拍摄
　　　　与制作

**学习目标**

- 学会拍摄抖音短视频。
- 学会添加和修剪背景音乐。
- 掌握抖音短视频的拍摄技巧。
- 掌握抖音短视频后期制作方法。
- 掌握封面设计与视频发布方法。

　　抖音是智能手机用户的新宠，无论什么年龄、什么职业，都可以通过抖音来消磨闲暇时间。使用抖音不仅可以浏览短视频，还可以用来拍摄与制作短视频，其功能也十分强大。本项目将分别为大家讲解使用抖音短视频拍摄与制作的操作方法。通过本项目多个任务的学习，读者朋友可以熟练掌握拍摄抖音短视频、添加和修剪背景音乐、抖音拍摄技巧、抖音短视频后期制作、封面设计与视频发布等操作。

# 任务 5.1 拍摄抖音短视频

抖音 App 自带拍摄视频的功能，不仅可以进行正常视频拍摄，还可以进行分段拍摄，并且在拍摄视频的过程中，还可以为短视频添加滤镜和特效，完成后期的短视频发布操作。

观看视频

## 子任务 5.1.1 分段拍摄

使用"分段拍摄"功能可以在不进行后期剪辑的情况下，看到不同的镜头画面组接的效果，免去了拍摄后再进行后期剪辑的步骤。在进行分段拍摄视频时，一般可以在拍摄过程中暂停拍摄，在转换镜头或者调整好拍摄角度后，再继续拍摄下一个镜头。

分段拍摄的具体操作步骤如下。

**第 1 步**：打开抖音 App，单击"+"按钮，如图 5-1 所示。

**第 2 步**：进入短视频制作页面，系统默认为"快拍"模式，在界面下方单击"分段拍"按钮，如图 5-2 所示。

图 5-1　单击"+"按钮

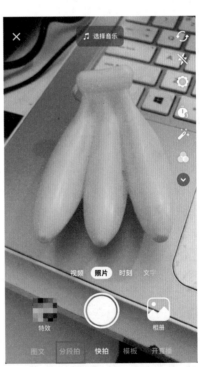

图 5-2　单击"分段拍"按钮

**第 3 步**：进入分段拍模式，长按"录制"按钮进行拍摄，如图 5-3 所示。

**第 4 步**：单击"停止"按钮，可以停止视频拍摄，如图 5-4 所示，此时，第一段视频拍摄完毕，在"拍摄"按钮周围会显示一段红色的进度条，显示第一段视频拍摄的时长。

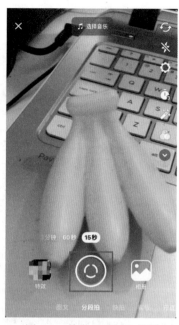

图 5-3　单击"录制"按钮

图 5-4　停止视频拍摄

**第 5 步**：如果拍摄的片段不满意或者想重新拍摄，则单击右侧的"×"按钮，如图 5-5 所示，即可删除已拍摄的视频。

**第 6 步**：继续单击"录制"按钮，拍摄剩余的视频片段，拍摄完成后，单击右下方的"√"按钮，如图 5-6 所示。

**第 7 步**：预览视频拍摄效果，可以看到两段视频已经自动合成为一段视频。此时，如果需要继续拍摄后续视频，可单击"<"按钮，回到拍摄界面继续进行拍摄，如图 5-7 所示。

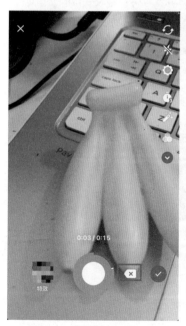

图 5-5　单击"×"按钮

图 5-6　单击"√"按钮

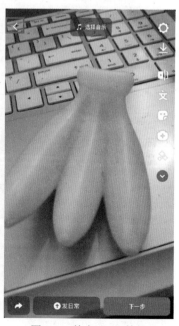

图 5-7　单击"<"按钮

观看视频

## 子任务 5.1.2  添加滤镜

在拍摄完分段视频后，使用"滤镜"功能可以为已拍摄的视频添加滤镜效果。添加滤镜的具体操作步骤如下。

**第 1 步**：在视频编辑界面中，单击右侧的"滤镜"按钮，如图 5-8 所示。

**第 2 步**：此时屏幕底部会弹出"滤镜"窗口，单击"绿妍"滤镜，即可将滤镜效果添加到视频上，如图 5-9 所示。在添加滤镜时，可以通过左右滑动视频画面来切换滤镜。

**第 3 步**：此时滤镜选项上面会出现红色滑动条，拖动红色滑动条可以调整滤镜效果的强度，数值越大滤镜效果越强烈，反之，效果越微弱，如图 5-10 所示。单击"滤镜"窗口左上角的"无"按钮，即可还原视频的初始状态，操作完成后，单击视频画面中的任意位置即可回到视频编辑界面。

图 5-8  单击"滤镜"按钮

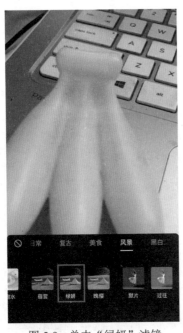

图 5-9  单击"绿妍"滤镜

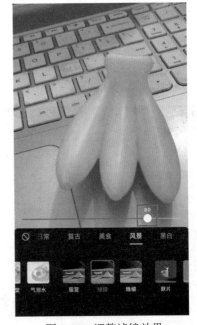

图 5-10  调整滤镜效果

观看视频

## 子任务 5.1.3  添加特效

在拍摄完分段视频后，使用"特效"功能可以为已拍摄的视频添加视频特效。添加特效的具体操作步骤如下。

第 1 步：在视频编辑界面中，单击右侧的"特效"按钮，如图 5-11 所示。

第 2 步：此时屏幕底部会弹出"特效"窗口，在添加特效时，首先移动视频缩览图上白色的时间轴到特效开始的位置，如图 5-12 所示。

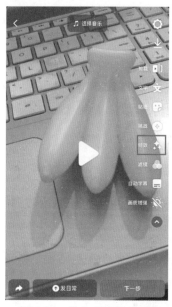

图 5-11　单击"特效"按钮

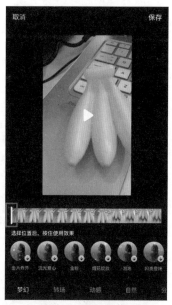

图 5-12　移动至开始位置

第 3 步：单击"彩色爱心"特效即可应用特效，松开时特效结束，此时缩览图上生成一段蓝色的片段，即运用的特效，如图 5-13 所示。

第 4 步：在"特效"窗口中，单击"撤销"按钮，可以撤销前面的操作，也可以分段添加特效，添加特效后，单击右上角的"保存"按钮，如图 5-14 所示，可以保存操作结果。

图 5-13　应用特效

图 5-14　撤销或保存特效

观看视频

## 子任务 5.1.4　发布短视频

当完成短视频的拍摄与制作后，使用"发布"功能，可以发布已经制作好的短视频。发布短视频的具体操作步骤如下。

**第 1 步**：短视频编辑完成后，在视频编辑界面中，单击右下角的"下一步"按钮，如图 5-15 所示。

**第 2 步**：进入视频发布界面，输入相关标题和信息后，单击右下角的"发布"按钮，即可发布视频，如图 5-16 所示。如果暂时不想发布视频，则可以单击左下角的"存草稿"按钮，将当前操作的结果保存为草稿，方便以后继续编辑。

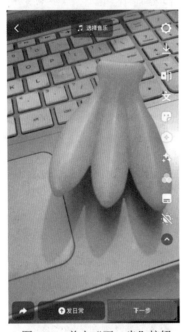

图 5-15　单击"下一步"按钮

图 5-16　单击"发布"按钮

# 任务 5.2　添加和修剪背景音乐

配乐是抖音短视频的灵魂，短视频团队的剪辑人员需要为视频添加风格相符的背景音乐，突出视频的情绪，达到感染用户的目的。

抖音 App 中自带有音乐库，在音乐库中可以很方便地选取、添加与修剪背景音乐。

观看视频

## 子任务 5.2.1　添加背景音乐

使用"音乐"功能可以快速添加背景音乐，其具体的操作步骤如下。

**第 1 步**：打开抖音 App，单击"+"按钮，如图 5-17 所示。

**第 2 步**：进入短视频制作页面，单击界面顶部的"选择音乐"按钮，如图 5-18 所示。

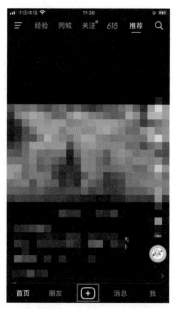

图 5-17　单击"+"按钮

图 5-18　单击"选择音乐"按钮

**第 3 步**：进入"选择音乐"界面，单击右侧的"搜索"按钮，如图 5-19 所示。

**第 4 步**：进入"搜索"界面，单击"发现更多音乐"按钮，如图 5-20 所示。

图 5-19　单击"搜索"按钮

图 5-20　单击"发现更多音乐"按钮

**第 5 步**：进入"发现音乐"界面，在音乐列表中上下滑动屏幕，可以查看各种不同类型的音乐，单击"查看全部"按钮，如图 5-21 所示。

**第 6 步**：进入"推荐"界面，单击需要试听的音乐名称，如图 5-22 所示。

**第 7 步**：开始试听音乐，然后单击其右侧的"使用"按钮，如图 5-23 所示，即可添加背景音乐。如果用户要收藏音乐，则可以单击音乐名称右侧的"收藏"按钮即可。

| 图 5-21 单击"查看全部"按钮 | 图 5-22 单击音乐名称 | 图 5-23 单击"使用"按钮 |
|---|---|---|

观看视频

## 子任务 5.2.2　修剪背景音乐

在添加背景音乐后，使用"修剪"功能可以修剪背景音乐，其具体的操作步骤如下。

**第 1 步**：在试听音乐时，单击"修剪"按钮，如图 5-24 所示。

**第 2 步**：弹出"音乐修剪"窗口，左右拖动下方声谱选择要使用的部分，如图 5-25 所示，操作完成后，单击"√"按钮，即可修剪音乐。

图 5-24 单击"修剪"按钮

图 5-25 选择要使用部分音乐

**第 3 步**：回到拍摄界面，此时界面上方将出现已经添加的背景音乐名称，如图 5-26 所示。

**第 4 步**：单击"拍摄"按钮开始拍摄视频，如图 5-27 所示，在拍摄过程中会同时播放添加好的背景音乐。

图 5-26　添加背景音乐　　　　　　　图 5-27　拍摄带背景音乐的视频

**【多学一招】收藏音乐**

在刷抖音短视频时，经常会听到自己喜欢的音乐，此时可以将自己喜欢的音乐收藏起来。其具体方法是：在抖音主界面的右下角有一个旋转的，类似黑胶唱片的图标，单击该按钮，如图 5-28 所示，将跳转到该音乐的界面，单击上方的"收藏音乐"按钮，如图 5-29 所示，即可收藏该音乐。收藏的音乐被放置在视频编辑界面的"选择音乐"→"音乐收藏"中，如图 5-30 所示。

图 5-28　单击唱片图标　　　图 5-29　单击"收藏音乐"按钮　　　图 5-30　查看收藏的音乐

# 任务 5.3　抖音拍摄技巧

在使用抖音 App 拍摄短视频时，有 4 种拍摄技巧，分别是美颜拍摄技巧、变速拍摄技巧、倒计时拍摄技巧和道具特效拍摄技巧。本节将详细对这 4 种抖音拍摄技巧进行讲解。

观看视频

## 子任务 5.3.1　美颜拍摄技巧

在拍摄画面和人像时，使用"美颜"功能，可以为人物美颜，是广大短视频制作者都非常喜欢的功能。使用美颜功能拍摄视频的具体操作步骤如下。

**第 1 步**：打开抖音 App，单击"短视频制作"按钮，进入短视频制作页面，单击其右侧的"美颜"按钮，如图 5-31 所示。

**第 2 步**：弹出"美颜"窗口，该窗口中包含"磨皮""瘦脸""大眼""清晰""美白""小脸""口红""腮红"等选项，如图 5-32 所示。

图 5-31　单击"美颜"按钮

图 5-32　弹出"美颜"窗口

**第 3 步**：单击添加"磨皮"效果，通过拖曳白色滑块来调整"磨皮"效果的强度，如图 5-33 所示。

**第 4 步**：向右拖曳滑块，在原有的基础上增强"磨皮"效果，数值越大，"磨皮"效果越明显，如图 5-34 所示。

**第 5 步**：单击添加"瘦脸"效果，在"瘦脸"窗口中，向右拖曳白色滑块，调整"瘦脸"效果的强度，如图 5-35 所示，单击"<"按钮，回到"美颜"窗口。

第 6 步：单击添加"大眼"效果，向右拖曳白色滑块，调整"大眼"效果的强度，如图 5-36 所示。

图 5-33 添加"磨皮"效果

图 5-34 调整"磨皮"效果

图 5-35 添加"瘦脸"效果

图 5-36 添加"大眼"效果

第 7 步：单击添加"清晰"效果，向右拖曳白色滑块，调整"清晰"效果的强度，如图 5-37 所示。

第 8 步：单击添加"美白"效果，向右拖曳白色滑块，调整"美白"效果的强度，如图 5-38 所示。

图 5-37　添加"清晰"效果

图 5-38　添加"美白"效果

　　**第 9 步**：单击添加"小脸"效果，向右拖曳白色滑块，调整"小脸"效果的强度，如图 5-39 所示。

　　**第 10 步**：单击添加"窄脸"效果，向右拖曳白色滑块，调整"窄脸"效果的强度，如图 5-40 所示。

图 5-39　添加"小脸"效果

图 5-40　添加"窄脸"效果

　　**第 11 步**：单击添加"瘦颧骨"效果，向右拖曳白色滑块，调整"瘦颧骨"效果的强度，如图 5-41 所示。

　　**第 12 步**：单击添加"瘦鼻"效果，向右拖曳白色滑块，调整"瘦鼻"效果的强度，如图 5-42 所示。

图 5-41　添加"瘦颧骨"效果

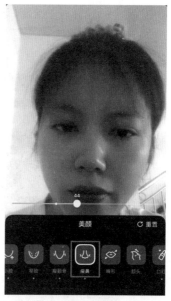

图 5-42　添加"瘦鼻"效果

**第 13 步**：单击添加"嘴形"效果，向右拖曳白色滑块，调整"嘴形"效果的强度，如图 5-43 所示。

**第 14 步**：单击添加"口红"效果，在"口红"窗口中，单击"豆沙粉"效果，向右拖曳白色滑块，调整"口红"效果的强度，如图 5-44 所示，单击"<"按钮，返回到"美颜"窗口。

图 5-43　添加"嘴形"效果

图 5-44　添加"口红"效果

**第 15 步**：单击添加"腮红"效果，在"腮红"窗口中，单击"蔷薇"效果，向右拖曳白色滑块，调整"腮红"效果的强度，如图 5-45 所示，单击"＜"按钮，返回到"美颜"窗口。

**第 16 步**：如果想重新设置"美颜"效果，则可以单击"重置"按钮，此时弹出"提示"对话框，单击"确定"按钮，即可恢复原始的拍摄效果，如图 5-46 所示。

图 5-45  添加"腮红"效果

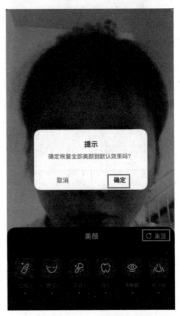

图 5-46  重置美颜效果

**第 17 步**："美颜"效果设置完成后，单击画面即可回到拍摄界面，如图 5-47 所示。

**第 18 步**：单击"拍摄"按钮进行拍摄，此时拍摄的视频画面是带有"美颜"效果的，如图 5-48 所示。

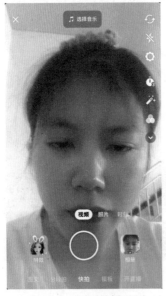

图 5-47  回到拍摄界面

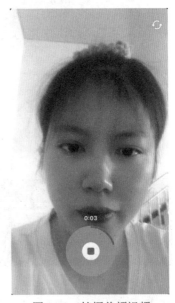

图 5-48  拍摄美颜视频

## 子任务 5.3.2　变速拍摄技巧

观看视频

有时，为了使短视频的画面更具有表现力，剪辑人员会将视频的速度加快或放慢，而抖音中，拍摄者可以直接使用"快慢速"功能拍摄出或快或慢的视频素材，省去了后期加工的工作。使用变速拍摄技巧拍摄视频的具体操作步骤如下。

**第 1 步：**打开抖音 App，单击"短视频制作"按钮，进入短视频制作页面，单击右侧的"快慢速"按钮，如图 5-49 所示。

**第 2 步：**进入"快慢速"功能界面，默认采用"标准"模式，可以通过选择其他 4 种速度模式进行拍摄，如图 5-50 所示。

图 5-49　单击"快慢速"按钮

图 5-50　"快慢速"功能界面

**第 3 步：**单击"极慢"按钮，切换到极慢速拍摄模式，如图 5-51 所示。

**第 4 步：**单击"拍摄"按钮，并迅速打开水龙头开关，开始拍摄水龙头流水，如图 5-52 所示。

**第 5 步：**再次单击"拍摄"按钮，完成视频拍摄，然后在视频编辑界面中，可以看到，在极慢速度下录制的水龙头开启的一瞬间，甚至能清楚地看到水从出水口缓慢流出的画面，以及停在半空中的状态，如图 5-53 所示。

┌─ 技术看板 ─

抖音 App 提供了 5 种不同速度的拍摄模式，分别是极慢、慢、标准、快、极快。其中，快速拍摄模式适用于延时拍摄，如拍摄日出日落、人流、车流等，而慢速拍摄模式多用于拍摄运动物体，如水滴、火焰、体育运动等。

图 5-51　单击"极慢"按钮　　　图 5-52　拍摄水龙头流水　　　图 5-53　预览变速视频效果

观看视频

### 子任务 5.3.3　倒计时拍摄技巧

抖音 App 中的"倒计时"拍摄有两个功能，第一个功能是在独自自拍时，只要设置好倒计时的长度，就可以在单击拍摄后等待相应的时间后开始自动拍摄；第二个功能是当设计了多个片段拍摄时，可以设置每一个片段的时长，进行音乐卡点拍摄。使用倒计时拍摄视频的具体操作步骤如下。

**第 1 步：**打开抖音 App，单击"短视频制作"按钮，进入短视频制作页面，单击界面顶部的"选择音乐"按钮，如图 5-54 所示。

**第 2 步：**进入"选择音乐"界面，单击"搜索"按钮，如图 5-55 所示。

图 5-54　单击"选择音乐"按钮　　　图 5-55　单击"搜索"按钮

**第 3 步**：进入搜索音乐界面，在搜索文本框中输入"卡点"，单击"搜索"按钮，如图 5-56 所示。

**第 4 步**：搜索出卡点音乐，选择要使用的卡点音乐，单击"使用"按钮，如图 5-57 所示。

图 5-56　输入搜索内容

图 5-57　选择卡点音乐

**第 5 步**：回到拍摄界面，单击"分段拍"按钮，如图 5-58 所示。

**第 6 步**：进入"分段拍"模式，然后单击右侧的"倒计时"按钮，如图 5-59 所示。

图 5-58　单击"分段拍"按钮

图 5-59　单击"倒计时"按钮

第 7 步：在"倒计时"界面，可以设置倒计时的长度，有 3 秒和 10 秒可以选择，如图 5-60 所示。

第 8 步：根据声波图找到音乐的节奏点，将红色滑块拖曳至节奏点的位置，此位置就是第一个音乐卡点位置，也是第一段视频的时间长度，如图 5-61 所示。

图 5-60　设置倒计时长度　　　　　　　　图 5-61　设置第一个音乐卡点位置

第 9 步：单击下方的"倒计时拍摄"按钮，开始拍摄第一段视频，此时画面中会显示倒计时数字，倒计时结束后开始自动拍摄，如图 5-62 所示。

第 10 步：拍摄到第一个节奏点的位置，软件会自动停止拍摄，如图 5-63 所示。

图 5-62　显示倒计时数字　　　　　　　　图 5-63　拍摄第一段卡点视频

**第 11 步**：再次单击"倒计时"按钮，根据卡点音乐设置第二段视频的拍摄时长，如图 5-64 所示。

**第 12 步**：单击下方的"倒计时拍摄"按钮，开始拍摄第二段视频，如图 5-65 所示。

图 5-64　设置第二个音乐卡点位置

图 5-65　拍摄第二段卡点视频

**第 13 步**：使用同样的方法，依次设置其他节奏点的位置，并拍摄卡点视频，视频的片段由设置的节奏点次数决定，如图 5-66 所示。

**第 14 步**：拍摄完所有视频片段后，软件自动跳转到视频编辑界面，倒计时卡点视频拍摄完成，如图 5-67 所示。

图 5-66　拍摄其他卡点视频

图 5-67　完成倒计时视频拍摄

观看视频

## 子任务 5.3.4 道具特效拍摄技巧

抖音 App 中预设了很多有创意的道具，在拍摄短视频时，通过添加各种道具，可以拍摄出五彩缤纷、更有趣的视频效果。使用道具特效拍摄视频的具体操作步骤如下。

**第 1 步**：打开抖音 App，单击"短视频制作"按钮，进入短视频制作页面，单击界面底部左侧的"特效"按钮，如图 5-68 所示。

**第 2 步**：弹出特效窗口，单击"搜索"按钮，如图 5-69 所示。

图 5-68 单击"特效"按钮

图 5-69 单击"搜索"按钮

**第 3 步**：展开特效窗口，单击选择"粽子天使"道具特效，如图 5-70 所示。

**第 4 步**：此时屏幕上会出现该道具特效的效果，单击"拍摄"按钮，如图 5-71 所示，即可开始使用道具特效拍摄视频。

图 5-70 选择"粽子天使"道具特效

图 5-71 显示道具特效的效果

　　**第 5 步**：如果在浏览过程中发现比较喜欢的道具特效，则可以单击"收藏"按钮，如图 5-72 所示，即可收藏自己喜欢的道具特效。

　　**第 6 步**：在展开的特效窗口中，单击"收藏"选项，可以显示所有收藏的道具特效，如图 5-73 所示，用户只要直接单击即可使用。

图 5-72　单击"收藏"按钮

图 5-73　收藏道具特效

# 任务 5.4　抖音短视频后期制作

　　使用抖音拍摄视频后，可以在抖音 App 中为视频添加滤镜、贴纸、字幕和音乐等后期处理操作，让短视频更加有看点并且有趣。本节将对抖音短视频后期制作方法进行详细讲解。

## 子任务 5.4.1　添加滤镜

观看视频

　　使用"滤镜"功能可以为视频添加各种滤镜效果，其具体的操作步骤如下。

　　**第 1 步**：打开抖音 App，单击"我"按钮，如图 5-74 所示。

　　**第 2 步**：进入个人账号界面，单击"草稿"文件夹，如图 5-75 所示。

　　**第 3 步**：进入"草稿箱"界面，单击第一个编辑的草稿文件，如图 5-76 所示。

　　**第 4 步**：进入视频编辑界面，单击右侧的"滤镜"按钮，如图 5-77 所示。

　　**第 5 步**：弹出"滤镜"窗口，单击"风景"选项，如图 5-78 所示。

图 5-74 单击"我"按钮

图 5-75 单击"草稿"文件夹

图 5-76 单击要编辑的草稿文件　　图 5-77 单击"滤镜"按钮　　图 5-78 单击"风景"选项

**第 6 步**：进入"风景"滤镜界面，单击选择"晚樱"滤镜，向右拖曳上方的白色滑块，调整"晚樱"滤镜的强度，如图 5-79 所示。

**第 7 步**：单击界面左上角的"<"按钮，展开编辑菜单，选择"保存修改"选项，如图 5-80 所示，即可保存滤镜的添加操作。

图 5-79　选择"晚樱"滤镜

图 5-80　选择"保存修改"选项

## 子任务 5.4.2　添加贴纸

观看视频

使用"贴纸"功能可以为视频添加各种贴纸效果，从而起到装饰和点缀视频的效果。添加贴纸的具体操作步骤如下。

**第 1 步：** 在视频编辑界面的右侧，单击"贴纸"按钮，如图 5-81 所示。

**第 2 步：** 在弹出的"贴图"界面中包含多种不同类型的贴纸效果，单击"搜贴纸"按钮，如图 5-82 所示。

图 5-81　单击"贴纸"按钮

图 5-82　单击"搜贴纸"按钮

第3步：在搜索框中输入"蝴蝶"，单击"搜索"按钮，即可搜索出蝴蝶贴纸，单击选择蝴蝶贴纸，如图5-83所示。

第4步：选中的贴纸会显示在视频画面中，通过单手指可以移动贴纸的摆放位置，也可以通过双手指缩放、旋转贴纸，如图5-84所示。

图5-83　单击选择蝴蝶贴纸

图5-84　添加与调整贴纸

第5步：单击画面上的贴纸，弹出编辑菜单，选择"设置时长"选项，如图5-85所示。

第6步：弹出"贴纸时长"窗口，拖曳下方视频缩览图上白色的裁剪框，调整贴纸的显示时长，并控制贴纸开始和结束的时间点，如图5-86所示，操作完成后，单击右下角的"√"按钮，完成贴纸的添加操作。

图5-85　选择"设置时长"选项

图5-86　控制开始和结束时间点

观看视频

## 子任务 5.4.3　添加字幕

使用"字幕"功能可以为短视频添加标题字幕、对白字幕、解说字幕等，不仅可以增色短视频，还可以更好地向观众传递短视频的主题、情感等信息。添加字幕的具体操作步骤如下。

**第 1 步**：在视频编辑界面中，单击界面右侧的"文字"按钮，如图 5-87 所示。

**第 2 步**：弹出文字编辑界面，输入要添加的文字，如图 5-88 所示。

图 5-87　单击"文字"按钮

图 5-88　输入文字

**第 3 步**：在下方的"文字样式"设置区中，为文字设置字体样式，如图 5-89 所示。

**第 4 步**：单击界面顶部的🅱按钮，为文字添加不同的描边和填充效果，如图 5-90 所示。

图 5-89　设置字体样式

图 5-90　添加描边和填充效果

**第 5 步**：单击界面顶部的"排列"按钮，可以设置文字的排列方式，如图 5-91 所示。

**第 6 步**：设置完成后单击右上角的"完成"按钮，如图 5-92 所示。

图 5-91　设置文字排列方式

图 5-92　单击"完成"按钮

---

**技术看板**

文字排列方式包含有左对齐、居中对齐和右对齐 3 种方式，每单击一次"排列"按钮，可以依次切换不同的排列方式。

---

**第 7 步**：回到视频编辑界面，调整文字在画面中的位置，如图 5-93 所示。

**第 8 步**：单击画面中的文字，弹出文字编辑菜单，选择"设置时长"选项，如图 5-94 所示。

图 5-93　调整文字位置

图 5-94　选择"设置时长"选项

第 9 步：弹出"贴纸时长"编辑窗口，拖曳下方视频缩览图上的白色裁剪框，调整文字显示时长，并控制文字显示开始和结束的时间点，如图 5-95 所示。

第 10 步：如果要修改文字内容，则可以选择"编辑"选项即可，如图 5-96 所示，操作完成后，单击右下角的"√"按钮，完成字幕的添加操作。

图 5-95　控制开始和结束时间点

图 5-96　选择"编辑"选项

┌─ **技术看板** ─────────────────────────────────────────────┐

　　为视频添加文字时，文字尽量不要挡住视频画面要展示的主题，如人脸、物品等。在修改文字颜色时，尽量选择和视频画面颜色对比较大的颜色，突出显示文字效果。

└──────────────────────────────────────────────────────────┘

## 子任务 5.4.4　剪切视频并添加音乐

观看视频

使用抖音 App 中的"相册"功能，可以将手机本地相册中的视频添加到抖音 App 中，再进行剪切与音频添加操作，其具体的操作步骤如下。

第 1 步：在抖音 App 的短视频制作页面中，单击右侧的"相册"按钮，如图 5-97 所示。

第 2 步：进入添加素材界面，单击"多选"按钮，然后选中要添加的素材，单击右下角的"下一步"按钮，如图 5-98 所示。

第 3 步：进入视频编辑界面，单击"剪裁"按钮，如图 5-99 所示。

第 4 步：进入视频裁剪界面，选择第一段视频，拖动黄色裁剪框，可以调整第一段视频的长度，如图 5-100 所示。

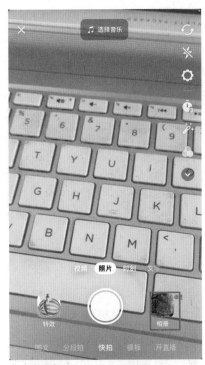

图 5-97　单击"相册"按钮

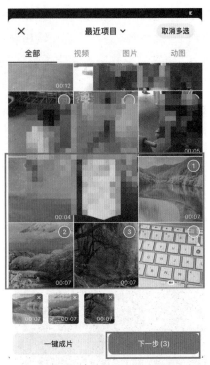

图 5-98　选中多个素材

图 5-99　单击"剪裁"按钮

图 5-100　调整第一段视频长度

**第 5 步**：采用同样的方法，依次选择其他段视频并调整视频的长度，如图 5-101 所示。

**第 6 步**：选择第一段视频，单击"变速"按钮，如图 5-102 所示。

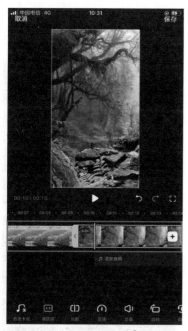

图 5-101　调整其他段视频长度　　　　图 5-102　单击"变速"按钮

**第 7 步:** 弹出"变速"窗口,向左拖动白色滑块,调整视频播放速度,如图 5-103 所示,调整完成后,单击"√"按钮,完成视频速度的调整。

**第 8 步:** 选择第二段视频,单击"变速"按钮,如图 5-104 所示。

图 5-103　调整视频播放速度　　　　图 5-104　单击"变速"按钮

**第 9 步:** 弹出"变速"窗口,向右拖动白色滑块,调整视频播放速度,如图 5-105 所示,调整完成后,单击"√"按钮即可。

**短视频拍摄、剪辑与制作**

**第 10 步**：选择第三段视频，单击"变速"按钮，弹出"变速"窗口，向右拖动白色滑块，调整视频的播放速度，如图 5-106 所示，调整完成后，单击"√"按钮即可。

图 5-105 调整视频播放速度　　　　图 5-106 调整视频播放速度

**第 11 步**：在视频裁剪界面中，在视频缩览图的下方，单击"添加音频"按钮，如图 5-107 所示。

**第 12 步**：进入"搜索"界面，单击选择"发现更多音乐"选项，如图 5-108 所示。

图 5-107 单击"添加音频"按钮　　　　图 5-108 选择"发现更多音乐"选项

第 13 步：进入"发现音乐"界面，单击"推荐"音乐右侧的"查看全部"按钮，如图 5-109 所示。

第 14 步：进入"推荐"界面，单击选择音乐名称，并单击其右侧的"使用"按钮，如图 5-110 所示。

图 5-109　单击"查看全部"按钮

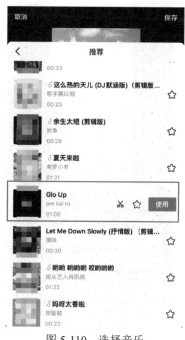

图 5-110　选择音乐

第 15 步：添加音乐，并调整音乐素材的开始位置和结束位置，如图 5-111 所示。

第 16 步：选择新添加的音乐，单击"音量"按钮，如图 5-112 所示。

图 5-111　添加音乐并调整开始、结束位置

图 5-112　单击"音量"按钮

第 17 步：弹出"音量"窗口，向右拖曳白色滑块，调整音量的大小，如图 5-113 所示，调整完成后，单击"√"按钮即可。

第 18 步：回到视频裁剪界面，单击视频缩览图左侧的"原声开"按钮，关闭视频原声，然后单击右上角的"保存"按钮，如图 5-114 所示，回到视频编辑界面，完成视频的剪切与音乐的添加操作。

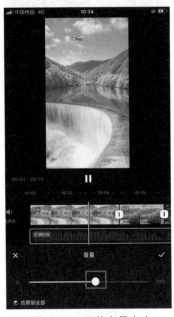

图 5-113　调整音量大小

图 5-114　单击"保存"按钮

# 任务 5.5　封面设计与视频发布

为了让短视频的封面效果不仅美观，而且能够同时显示各种标题和文字信息，需要为短视频添加封面效果。在默认情况下，抖音 App 会把视频的第一帧画面作为视频的封面，但是用户也可以根据需要自己设置视频封面，并添加文字等装饰来完善封面。在设计好封面效果后，才可以对短视频进行发布操作。

观看视频

## 子任务 5.5.1　封面设计

在发布短视频前，使用"选封面"功能，可以对短视频的封面进行设计，其具体的操作步骤如下。

第 1 步：在"发布"界面中，单击右上方缩览图下的"选封面"按钮，如图 5-115 所示。

第 2 步：进入封面编辑界面，拖曳下方视频缩览图上的红色选取框，选择要作为封面的画面，如图 5-116 所示。

图 5-115　单击"选封面"按钮

图 5-116　选择封面画面

**第 3 步**：在封面编辑界面底部的"标题"界面中，该界面提供了丰富的标题文字选项，单击选择合适的封面标题，如图 5-117 所示。

**第 4 步**：单击"样式"选项，进入"样式"界面，该界面提供了丰富的文字样式选项，单击选择"叠字"文字样式，如图 5-118 所示。

图 5-117　选择封面标题

图 5-118　选择"叠字"文字样式

**第 5 步**：单击画面中的文字，进入文字编辑界面，修改文字内容，如图 5-119 所示，操作完成后，单击右上角的"完成"按钮即可。

第 6 步：回到封面编辑界面，调整文字的大小和位置，完成封面的设置，如图 5-120 所示，单击右上角的"保存"按钮即可。

图 5-119　修改文字内容

图 5-120　调整文字大小和位置

观看视频

## 子任务 5.5.2　视频发布

完成封面的设计后，使用"发布"功能，可以发布短视频，其具体的操作步骤如下。

第 1 步：在"发布"界面中，编辑好标题等相关信息，单击右下角的"发布"按钮，如图 5-121 所示。

第 2 步：将短视频成功发布到抖音平台，如图 5-122 所示。

图 5-121　编辑标题等信息

图 5-122　发布短视频

## 课堂实训——拍摄与后期制作玩偶视频

观看视频

通过前面 5 个任务的学习，读者已经掌握各种短视频的拍摄与后期制作技巧。因此，下面我们就以玩偶类短视频为主题，通过本项目所学的知识，使用抖音 App 拍摄与后期制作一条短视频作品。制作的这条短视频作品中会包含倒计时分段拍摄视频、添加滤镜、添加贴纸、添加字幕等元素，最终短视频的部分画面效果，如图 5-123 所示。

图 5-123　玩偶类短视频作品的部分画面效果

拍摄与后期制作玩偶视频的具体操作步骤如下。

第 1 步：打开抖音 App，单击"短视频制作"按钮，进入短视频制作页面，单击界面顶部的"选择音乐"按钮，如图 5-124 所示。

第 2 步：进入"选择音乐"界面，单击"搜索"按钮，如图 5-125 所示。

图 5-124　单击"选择音乐"按钮

图 5-125　单击"搜索"按钮

137

第 3 步：进入搜索音乐界面，选择"卡点"选项，如图 5-126 所示。

第 4 步：搜索出卡点音乐，选择要使用的卡点音乐，单击"使用"按钮，如图 5-127 所示。

图 5-126　选择"卡点"选项

图 5-127　选择卡点音乐

第 5 步：回到拍摄界面，单击"分段拍"按钮，如图 5-128 所示。

第 6 步：进入"分段拍"模式，然后单击右侧的"倒计时"按钮，如图 5-129 所示。

图 5-128　单击"分段拍"按钮

图 5-129　单击"倒计时"按钮

第 7 步：进入"倒计时"界面，根据声波图找到音乐的节奏点，将红色滑块拖曳至节奏点的位置，此位置就是第一个音乐卡点位置，也是第一段视频的时间长度，如图 5-130 所示。

第 8 步：单击下方的"倒计时拍摄"按钮，开始拍摄第一段视频，此时画面中会显示倒计时数字，倒计时结束后开始自动拍摄，如图 5-131 所示。

图 5-130 设置第一个音乐卡点位置

图 5-131 显示倒计时画面

第 9 步：拍摄到第一个节奏点的位置，软件会自动停止拍摄，如图 5-132 所示。

第 10 步：再次单击"倒计时"按钮，根据卡点音乐设置第二段视频的拍摄时长，单击下方的"倒计时拍摄"按钮，如图 5-133 所示，开始拍摄第二段视频。

图 5-132 拍摄第一段卡点视频

图 5-133 设置第二个音乐卡点位置

第11步：使用同样的方法，依次设置其他节奏点的位置，并拍摄卡点视频，视频的片段由设置的节奏点次数决定，如图5-134所示。

第12步：拍摄完所有的视频片段后，软件自动跳转到视频编辑界面，则倒计时卡点视频拍摄完成，单击右侧的"滤镜"按钮，如图5-135所示。

图5-134　拍摄其他卡点视频

图5-135　单击"滤镜"按钮

第13步：弹出"滤镜"窗口，单击"日常"选项，如图5-136所示。

第14步：进入"日常"滤镜界面，单击选择"高清"滤镜，向右拖曳上方的白色滑块，调整"高清"滤镜的强度，如图5-137所示。

图5-136　单击"日常"选项

图5-137　选择"高清"滤镜

第 15 步：在视频编辑界面的右侧，单击"贴纸"按钮，如图 5-138 所示。

第 16 步：弹出的"贴图"界面中包含多种不同类型的贴纸效果，单击"搜贴纸"按钮，如图 5-139 所示。

图 5-138　单击"贴纸"按钮

图 5-139　单击"搜贴纸"按钮

第 17 步：在搜索框中输入"可爱"，单击"搜索"按钮，即可搜索出可爱贴纸，单击选择可爱贴纸，如图 5-140 所示。

第 18 步：选中的贴纸会显示在视频画面中，通过单手指可以移动贴纸的摆放位置，也可以通过双手指缩放、旋转贴纸，如图 5-141 所示。

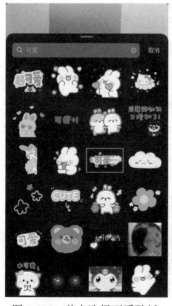

图 5-140　单击选择可爱贴纸

图 5-141　添加与调整贴纸

第19步：单击画面上的贴纸，弹出编辑菜单，选择"设置时长"选项，如图5-142所示。

第20步：弹出"贴纸时长"窗口，拖曳下方视频缩览图上白色的裁剪框，调整贴纸的显示时长，并控制贴纸开始和结束的时间点，如图5-143所示，操作完成后，单击右下角的"√"按钮，完成贴纸的添加操作。

图 5-142 选择"设置时长"选项

图 5-143 控制开始和结束时间点

第21步：在视频编辑界面中，单击右侧的"特效"按钮，如图5-144所示。

第22步：此时屏幕底部会弹出"特效"窗口，在添加特效时，首先移动视频缩览图上白色的时间轴到特效开始的位置，如图5-145所示。

图 5-144 单击"特效"按钮

图 5-145 将时间轴移动至开始位置

　　第 23 步：单击"自然"特效下的"星星"特效即可应用特效，松开时特效结束，此时缩览图上生成一段绿色的片段，即运用的特效，如图 5-146 所示。

　　第 24 步：单击"材质"特效下的"彩虹光"特效即可应用特效，松开时特效结束，此时缩览图上生成一段红色的片段，即运用的特效，如图 5-147 所示，单击右上角的"保存"按钮，完成特效的添加。

图 5-146　应用"星星"特效

图 5-147　应用"彩虹光"特效

　　第 25 步：在视频编辑界面中，单击界面右侧的"文字"按钮，如图 5-148 所示。

　　第 26 步：弹出文字编辑界面，输入要添加的文字，如图 5-149 所示。

图 5-148　单击"文字"按钮

图 5-149　输入文字

第 27 步：在下方的"文字样式"设置区中，为文字设置字体样式，如图 5-150 所示。

第 28 步：单击界面顶部的 █ 按钮，为文字添加不同的描边和填充效果，如图 5-151 所示，设置完成后单击右上角的"完成"按钮即可。

图 5-150　设置字体样式

图 5-151　添加描边和填充效果

第 29 步：回到视频编辑界面，调整文字在画面中的位置，如图 5-152 所示。

第 30 步：单击画面中的文字，弹出文字编辑菜单，选择"设置时长"选项，如图 5-153 所示。

图 5-152　调整文字位置

图 5-153　选择"设置时长"选项

第 31 步：弹出"贴纸时长"编辑窗口，拖曳下方视频缩览图上的白色裁剪框，调整文字显示时长，并控制文字显示开始和结束的时间点，如图 5-154 所示，操作完成后，单击右下角的"√"按钮，完成字幕的添加操作。

第 32 步：回到视频编辑界面，预览视频效果，然后单击右下角的"下一步"按钮，如图 5-155 所示。

图 5-154　控制开始和结束时间点

图 5-155　单击"下一步"按钮

第 33 步：进入"发布"界面，单击右上方缩览图下的"选封面"按钮，如图 5-156 所示。

第 34 步：进入封面编辑界面，拖曳下方视频缩览图上的红色选取框，选择要作为封面的画面，如图 5-157 所示。

图 5-156　单击"选封面"按钮

图 5-157　选择封面画面

第35步：在封面编辑界面底部的"标题"界面中，该界面提供了丰富的标题文字选项，单击选择合适的封面标题，如图5-158所示。

第36步：单击"样式"选项，进入"样式"界面，该界面提供了丰富的文字样式选项，单击选择"儿童"文字样式，如图5-159所示。

图5-158　选择封面标题

图5-159　选择"儿童"文字样式

第37步：单击画面中的文字，进入文字编辑界面，修改文字内容，如图5-160所示，操作完成后，单击右上角的"完成"按钮即可。

第38步：回到封面编辑界面，调整文字的大小和位置，完成封面的设置，如图5-161所示，单击右上角的"保存"按钮即可。

图5-160　修改文字内容

图5-161　调整文字大小和位置

第 39 步：在"发布"界面中，编辑好标题等相关信息，单击右下角的"发布"按钮，如图 5-162 所示。

第 40 步：将短视频成功发布到抖音平台，如图 5-163 所示。

图 5-162  编辑标题等信息

图 5-163  发布短视频

## 课后练习

1. 使用抖音 App 拍摄一段风景视频。
2. 使用抖音 App 后期制作一段古镇风光视频。

# 项目 6　手机剪辑短视频

**学习目标**

- 了解剪映 App 的工作界面。
- 掌握剪映 App 的视频剪辑功能。
- 掌握剪映 App 的音频剪辑技能。
- 掌握剪映 App 的视频特效处理方法。
- 掌握剪映 App 的字幕制作技能方法。
- 掌握使用关键帧制作动画效果的方法。

剪映 App 是由剪映官方推出的一款手机视频编辑工具，用于手机短视频的剪辑制作和发布。该软件具有非常全面的剪辑功能、多样滤镜和美颜的效果，及丰富的曲库资源。即使是新手小白，在掌握了软件中的各种功能后，也能剪辑出具有大片感的短视频。因此，短视频创作者需掌握剪映 App 中的各种功能，如剪辑、音频、特效、字幕和剪同款等，可以熟练运用这些功能制作出精美的短视频作品。通过本项目多个任务的学习，读者朋友可以熟练掌握剪映 App 中的视频剪辑功能、音频剪辑功能、视频特效处理功能、字幕制作功能、关键帧动画制作功能的操作。

# 任务 6.1　剪映 App 工作界面

剪映 App 中有很多当下最先进的剪辑"黑科技"，如色度抠图、视频防抖、图文成片等高阶功能。因此，在将素材导入剪映 App 后，需要先认识剪映 App 的工作界面，为后续的剪辑工作做准备。

## 子任务 6.1.1　导入素材

观看视频

使用"开始创作"功能可以将相册中的视频或图片导入剪映 App 中，其具体操作步骤如下。

**第 1 步**：打开剪映 App，单击"开始创作"按钮，如图 6-1 所示。

**第 2 步**：在弹出的页面中，勾选将要进行剪辑的视频素材（视频或照片），单击"添加"按钮，如图 6-2 所示。

**第 3 步**：导入素材之后，自动就进入了剪映 App 的编辑界面，如图 6-3 所示。

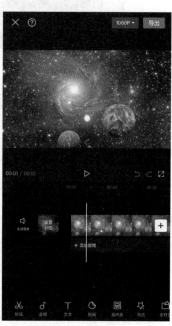

图 6-1　单击"开始创作"按钮　　　图 6-2　勾选视频素材　　　图 6-3　导入素材

## 子任务 6.1.2　素材库

观看视频

除了导入手机相册中的视频或照片以外，还可以利用剪映 App 中的"素材库"导入相关的视频素材，具体操作步骤如下。

**第 1 步**：打开剪映 App，单击主界面中的"开始创作"按钮，弹出新页面后，将其切换到"素材库"页面中，选择想要的主题标签（如片头），接着勾选视频素材，单击"添加"按钮，如图 6-4 所示。

第 2 步：导入素材之后，自动就进入了剪映 App 的编辑界面，如图 6-5 所示。

图 6-4　选中视频素材

图 6-5　导入素材库素材

## 子任务 6.1.3　编辑界面

导入素材之后，即可进入剪映 App 的编辑界面，编辑界面主要包括预览区域、编辑区域、快捷工具栏区域，如图 6-6 所示。

剪映 App 的视频创作区工具栏位于编辑界面的最下方，主要分为一级工具栏和二级工具栏。一级工具栏，主要包括剪辑、音频、文本（文字）、贴纸、画中画、特效、素材包、滤镜、比例、背景、调节等主要功能，如图 6-7 所示。单击一级工具栏按钮后可进入二级工具栏，如单击"剪辑"按钮即可进入"剪辑"功能的二级工具栏，"剪辑"功能的二级工具栏包括分割、变速、动画等具体功能，如图 6-8 所示。当然，有些功能下面还设有三级工具栏，这里只展示一、二级工具栏。

下面来看剪辑工具栏、音频工具栏、文本工具栏、特效工具栏中的主要功能，以及剪映 App 编辑界面中的其他功能。

图 6-6　剪映 App 编辑界面

图 6-7　一级工具栏

图 6-8　二级工具栏

1）剪辑工具栏

剪辑工具栏中的主要功能如下。

（1）分割：快速自由分割视频，一键剪切视频。

（2）变速：分为常规变速与曲线变速，节奏快慢自由掌控。

（3）音量：调整视频音量。

（4）动画：主要给视频添加不同的动画运动，包括入场动画、出场动画和组合动画。

（5）删除：删除不必要的视频段落。

（6）智能抠像：一键将主体人物与背景分离。

（7）编辑：主要分为视频镜像、画面的旋转以及画幅尺寸的裁剪，多种比例随心切换。

（8）美颜美体：主要包括智能美颜、智能美体、手动美体三大功能，能够智能识别脸型、身材，快速进行人物美化，也可通过手动调整参数定制独家专属美颜方案。

（9）蒙版：蒙版是合成图像的重要工具，其作用是在不破坏原始图像的基础上实现特殊的图层叠加效果，通过剪映可以创建不同形状的蒙版。

（10）色度抠图：通过拾色器吸取想要抠取的颜色，通过强度和阴影设置进行抠图。

（11）替换：选中一段素材，可以在手机相册或者素材库中替换新的素材。

（12）防抖：可以一键处理视频因为拍摄不稳产生的晃动、抖动情况。

（13）不透明度：调整选中视频的透明度（0 ~ 100）。

（14）变声：软件中自带变声音效，基础、搞笑、合成器、复古等不同风格的声音效果。

（15）降噪：智能一键开启优化视频中的声音噪点。

（16）复制：选中视频段落，进行简单复制。

（17）倒放：将视频顺序倒置，一键快速实现视频倒放功能。

（18）定格：选中定格画面后，可一键将活动画面停止在一个画面上。

2）音频工具栏

音频工具栏中的主要功能如下。

（1）音乐：为视频添加音乐，在海量抖音音乐库中按照想要的类型选择所需要的音乐。

（2）版权校验：从外部添加的音乐素材，为避免版权纠纷可以通过此功能进行校验。

（3）音效：通过联网可以下载当下火爆的视频音效，包括笑声、综艺、机械、BGM等音。

（4）提取音乐：可从其他视频中提取出想要的音乐素材。

（5）抖音收藏：在抖音上收藏的音乐，可以在剪映上登录抖音账号同步进行使用。

（6）录音：按住录音按键，可直接录制语音，生成配音素材。

3）文本工具栏

文本工具栏中的主要功能如下。

（1）新建文本：输入文字后，可以进行字体、样式、花字、气泡、动画等文字设计。

（2）文字模版：抖音自带花字字体库，可根据需求随意选择，并且可更改文字。

（3）识别字幕：能够自动识别视频、录音中的声音文本，形成字幕。

（4）识别歌词：自动识别视频中的歌词，形成文本。

4）特效工具栏

特效工具栏中的主要功能如下。

（1）画面特效：一键只能添加视频特效，特效种类丰富，可根据需求进行选择。

（2）人物特效：针对画面主体人物添加效果。

（3）素材包：收录海量特效素材，在同一个主题下，将音效、贴纸、花字等不同类型的素材进行组合形成组合特效。剪映的素材设计师从各类最新的综艺节目和电视节目中吸收灵感，围绕视频的不同场景和情绪表达，持续生产好用的组合素材，为剪映的用户创作提供灵感。

（4）滤镜：多种高级专业的风格滤镜，视频一键调色。

（5）比例：可根据视频需求调整画幅比例尺寸，通常为9:16、16:9、1:1、4:3、2:1等。

（6）背景：为视频添加背景，可以任意选择画布颜色、样式，同时也可以进行背景模糊。

（7）调节：手动对视频的亮度、对比度、饱和度、光感、锐化等参数进行调整。

5）其他功能

剪映 App 编辑界面中的其他功能如下。

（1）贴纸：可以任意添加独家设计手绘贴纸，也可以根据关键词进行搜索。

（2）画中画：在原始画面基础上，增加新的视频素材。

# 任务 6.2　剪映 App 视频剪辑功能

前面已经介绍了剪映 App 的基本编辑界面，并讲解了在剪映 App 中如何添加导入素材，接下来将通过具体的操作案例，来讲解如何对视频进行基本剪辑。

## 子任务 6.2.1　分割素材

观看视频

分割素材，即将一段完整的素材使用剪辑中的分割工具，将视频分割开。分割视频的操作步骤如下。

**第 1 步**：打开剪映 App，单击"开始创作"按钮，添加"油菜花"视频素材，将剪辑轨道上的时间轴定位到需要剪断的位置，单击工具栏上的"剪辑"按钮，如图 6-9 所示，进入二级工具栏。

**第 2 步**：在二级工具栏中单击"分割"按钮，即可将视频分割成两段视频素材，单击选中多余的素材，接着单击"删除"按钮，删除多余的视频，完成素材的分割，如图 6-10 所示。

图 6-9　单击"剪辑"按钮

图 6-10　分割与删除视频素材

153

观看视频

## 子任务 6.2.2　调节视频音量

调节视频音量，即将一段带有音频的视频素材使用剪辑中的音量工具，调整视频的音量至合适的数值。调节视频音量的操作步骤如下。

**第 1 步：** 打开剪映 App，单击"开始创作"按钮，添加"热气球"视频素材，单击"剪辑"按钮，进入"剪辑"的二级工具栏，如图 6-11 所示。

**第 2 步：** 在二级工具栏中单击"音量"按钮，如图 6-12 所示，进入音量页面。

**第 3 步：** 根据需求向右拖曳白色滑块，调整声音数值参数后，单击"√"按钮即可，效果如图 6-13 所示。

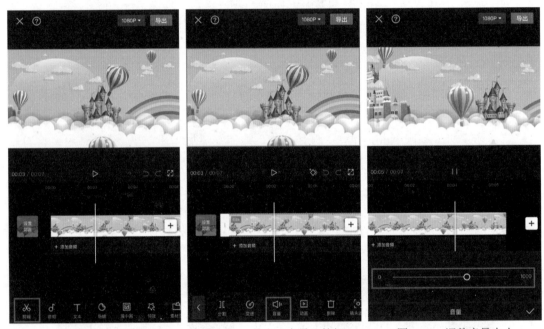

图 6-11　单击"剪辑"按钮　　　图 6-12　单击"音量"按钮　　　图 6-13　调整音量大小

观看视频

## 子任务 6.2.3　调整画面比例

在学习这个功能之前，先来简单掌握什么是画幅以及画幅的应用。所谓画幅就是尺寸的意思，就是成像单元尺寸，可以简单地理解为展示给观众的画面大小。现在常见的画幅比例，是指视频画面的宽度与高度之间的比例，常用的画幅比有竖屏 9:16、宽屏 16:9、2.35:1、4:3、1:1 等。

短视频作品一般常用 9:16 竖屏画幅或 16:9 宽屏画幅。拍摄短视频前，创作者可以用任意的画幅比例进行拍摄，然后通过后期调整成所需的画幅比例即可，但也需要主体画面的主体构图。下面通过剪映 App 的比例功能，讲解调整视频节画面比例的操作步骤，具体的操作步骤如下。

**第 1 步：** 打开剪映 App，单击"开始创作"按钮，添加"蓝色花朵"视频素材，单击"比例"按钮，如图 6-14 所示，进入"比例"的二级工具栏。

**第 2 步：**在二级工具栏中单击"9:16"画幅的按钮后，用双指缩放视频画面，调整画面大小至合适的位置，如图 6-15 所示。

**第 3 步：**调整结束后，单击"返回"按钮，完成画幅调整，效果如图 6-16 所示。

图 6-14　单击"比例"按钮

图 6-15　单击"9:16"按钮

图 6-16　调整画面比例

## 子任务 6.2.4　实现视频变速

制作一段短视频时，可以通过视频变速来调整视频时长。视频变速可以分为加快视频和放慢视频。剪映 App 中的变速功能分为常规变速与曲线变速，常规变速就是将视频进行基础的加速或放慢，而曲线变速则是将视频进行不规则播放速度的改变。下面将以曲线变速为例，讲解如何实现视频变速，具体的操作步骤如下。

**第 1 步：**打开剪映 App，单击"开始创作"按钮，添加"旭日"视频素材，选中视频直接进入"剪辑"的二级工具栏，单击"变速"按钮，如图 6-17 所示。

**第 2 步：**在变速功能的下一级工具栏中选择单击"曲线变速"按钮，如图 6-18 所示。

**第 3 步：**选择变速类型，单击"英雄时刻"按钮后，查看预览区域中的视频效果，如图 6-19 所示。

**第 4 步：**在编辑界面根据视频的高光点调整变速的不同时间节点后，单击"√"按钮，如图 6-20 所示。

**第 5 步：**在曲线变速界面，单击"√"按钮，如图 6-21 所示。

观看视频

图 6-17　单击"变速"按钮

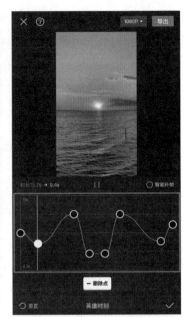

图 6-18　单击"曲线变速"按钮　　图 6-19　单击"英雄时刻"按钮　　图 6-20　调整变速节点

　　**第 6 步**：调整结束后，单击"返回"按钮，即可看到该段视频由 16 秒缩短到了 10 秒，如图 6-22 所示。

图 6-21　单击"√"按钮　　　　　　　　图 6-22　视频素材缩短

## 子任务 6.2.5　实现视频倒放

观看视频

　　人们会看到很多精彩的视频回顾会采用回忆倒放的方式进行展现，剪映的倒放功能非常简单，可一键实现视频的倒放效果。下面就来学习如何实现视频的倒放效果，例如汽车行驶的视频，倒放后会出现汽车倒着向后开的效果，实现视频倒放的操作步骤如下。

**第 1 步**：打开剪映 App，单击"开始创作"按钮，添加"大道"视频素材，单击"剪辑"按钮，如图 6-23 所示，进入"剪辑"的二级工具栏。

**第 2 步**：在二级工具栏中单击"倒放"按钮，如图 6-24 所示。

**第 3 步**：倒放完成后，单击"返回"按钮，退出编辑界面，倒放效果如图 6-25 所示。

图 6-23　单击"剪辑"按钮　　图 6-24　单击"倒放"按钮　　图 6-25　预览倒放视频效果

## 子任务 6.2.6　定格视频画面

观看视频

在学习定格视频画面之前，先来了解一下什么是定格，定格就是将一段视频中的某一帧画面做短暂停留。视频是由一帧一帧的静态图片组成的动态视频，而定格视频画面的作用就是给其中的一个关键帧添加暂停效果，并使之持续一段时间，用来重点突出这个画面。一般定格功能会在表达重点画面或者动作时使用。实现定格视频画面的操作步骤如下。

**第 1 步**：打开剪映 App，单击"开始创作"按钮，添加"小女孩"视频素材，单击"剪辑"按钮，进入剪辑二级工具栏，如图 6-26 所示。

**第 2 步**：将时间轴定位在需要进行定格的画面上，单击"定格"按钮，如图 6-27 所示。

**第 3 步**：将自动生成定格画面，单击"返回"按钮，完成视频画面定格，效果如图 6-28 所示。

---
**技术看板**

通常在制作定格画面时，需要根据整个视频的音乐和节奏，卡点调节和编辑定格画面的长度。这样制作的定格视频会产生较强的节奏感，让视频减少停顿感。

图 6-26　单击"剪辑"按钮

图 6-27　单击"定格"按钮

图 6-28　定格视频画面

# 任务 6.3　剪映 App 音频剪辑技能

音频的处理是视频制作中，非常重要的一个环节。在短视频中，画面和声音是构成视频的两大元素，声音在短视频中起到了渲染气氛、烘托氛围的重要作用。短视频的音频处理，主要也包括了音乐、音效、人声三大要点，接下来将通过具体的案例，讲解如何在剪映 App 中处理短视频的音频。

观看视频

## 子任务 6.3.1　添加音乐

剪映 App 中，添加音乐方式主要有 4 种：通过剪映平台的自带音乐库，按照推荐或者搜索进行添加；导入抖音视频中的音乐；提取视频里的音乐进行添加；导入本地音乐。

下面主要讲解第一种通过剪映平台的自带音乐库添加音乐的操作步骤。

**第 1 步**：打开剪映 App，单击"开始创作"按钮，导入一段没有音乐的"草莓"视频，接着单击"音频"按钮，如图 6-29 所示，进入二级工具栏。

**第 2 步**：单击"音乐"按钮，进入剪映音乐库，如图 6-30 所示。

**第 3 步**：可以选择剪映推荐的音乐，单击音乐进行试听后，如果对音乐满意就可单击"使用"按钮，如图 6-31 所示。

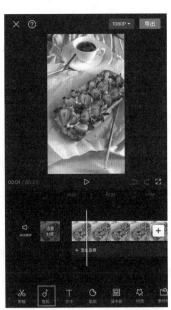

图 6-29　单击"音频"按钮

**第4步**：按住所选音乐音频调整位置，拖曳音频两端修改起始时间，调整完成后，单击"返回"按钮《，即可为视频成功添加音乐，如图6-32所示。

图6-30　单击"音乐"按钮　　　　图6-31　试听音乐　　　　图6-32　添加音乐

**技术看板**

在添加音乐时，推荐使用剪映自带的音乐库中的音乐进行添加，或者是通过导入抖音视频中的音乐进行添加，因为这两种方式可以避免后期在抖音平台上传视频的音乐版权问题。

使用剪映音乐库中的音乐，可以使用软件推荐的热门音乐，也可以根据音乐分类选择，并且也可以搜索想要的音乐名字进行添加。

## 子任务6.3.2　添加音效

观看视频

音效最大的作用是辅助增强用户的体验感，好的音效可以使用户融入作品中，并与其情绪产生共鸣。剪映App可以通过联网可以下载当下最火爆的视频音效。添加音效的操作步骤如下。

**第1步**：打开剪映App，单击"开始创作"按钮，导入"海滩"视频，单击"音频"按钮，进入二级工具栏，如图6-33所示。

**第2步**：将时间轴定位在视频画面上需要添加音效的位置，单击"音效"按钮，进入音效库，如图6-34所示。

**第3步**：在输入框中输入想要的音效关键词（如"海浪声"），选择并单击心仪的音效进行试听，如果对音效满意就可单击"使用"按钮，如图6-35所示。

**第4步**：按住添加的音频调整位置后，单击"返回"按钮《，即可完成添加音效，如图6-36所示。

图 6-33 单击"音频"按钮

图 6-34 单击"音效"按钮

图 6-35 选择音效

图 6-36 添加音效

观看视频

## 子任务 6.3.3 录制声音

录制声音是为视频添加人声配音的功能。通过添加人声配音，可以完成对视频内容的补充。录制声音的操作步骤如下。

**第 1 步：**打开剪映 App，单击"开始创作"按钮，导入"城市"视频，单击"音频"按钮，如图 6-37 所示。

**第 2 步**：进入二级工具栏，单击"录音"按钮，如图 6-38 所示。

图 6-37　单击"音频"按钮

图 6-38　单击"录音"按钮

**第 3 步**：长按页面中的"录音 🔘"按钮进行声音录制，录音结束后，单击"√"按钮，如图 6-39 所示。

**第 4 步**：按住添加的录音音频调整位置后，单击"返回"按钮 ◼，完成录音，如图 6-40 所示。

图 6-39　开始录制声音

图 6-40　完成录音

观看视频

## 子任务 6.3.4　编辑声音

导入视频素材和音频素材后，经常会发现，视频长短和音乐长短有可能不匹配，或者这段声音不需要，那么，这时就可以将音频剪短，把不需要的部分进行删除。编辑声音的具体操作步骤如下。

**第1步：**打开剪映 App，单击"开始创作"按钮，导入"城堡"视频素材后，添加一段音频素材。单击选中音频素材，进入"剪辑"二级工具栏，将时间轴定位在需要剪断的位置，单击"分割"按钮，将音频素材分割成两段，如图 6-41 所示。

**第2步：**分割音频素材后，单击"返回"按钮，完成声音编辑，如图 6-42 所示。

图 6-41　单击"分割"按钮

图 6-42　分割音频素材

观看视频

## 子任务 6.3.5　变声处理

当短视频创作者为一段视频添加配音后，发现自己的音色不匹配视频画面，或者是不够专业时，可以选择使用剪映 App 中的变声处理，改变配音的音色，以达到满意的效果。变声处理的具体操作步骤如下。

**第1步：**打开剪映 App，单击"开始创作"按钮，导入"海底世界"视频素材，为其添加一段配音音频后，单击"音频"按钮，进入二级工具栏，如图 6-43 所示。

**第2步：**选中这段音频后，单击"变声"按钮，如图 6-44 所示。

**第3步：**选择改变后的声音，如单击"萝莉"按钮即可将视频中的声音变成萝莉的声音，接着单击"√"按钮，如图 6-45 所示。

**第4步：**单击"返回"按钮，完成变声，效果如图 6-46 所示。

图 6-43　单击"音频"按钮

图 6-44　单击"变声"按钮

图 6-45　选择"萝莉"的声音

图 6-46　完成变声处理

# 任务 6.4　剪映 App 视频特效处理

视频特效是指前期素材拍摄完成再对素材进行拼接剪辑后,对画面进行后期的处理包装,使其形成一个效果完整的短视频作品。视频特效主要包括视频画面的颜色调整、镜头之间的特殊转场、蒙版效果等。接下来我们将通过具体的案例,来讲解如何对视频进行特效的添加。

观看视频

## 子任务 6.4.1　添加滤镜

在使用滤镜之前，要知道滤镜其实就是一种简单的为画面的调色方式。剪映 App 根据大众的审美以及流行趋势，在系统中预设了符合不同情境下使用的滤镜，短视频创作者只需要根据自己所喜欢的滤镜进行选择即可。下面以为风景类短视频作品添加滤镜为例进行讲解。添加滤镜的具体操作步骤如下。

**第 1 步**：打开剪映 App，单击"开始创作"按钮，导入一段"田野"的视频素材后可以看到这段风景素材的颜色不够鲜艳，然后在一级工具栏中向左滑动，单击"滤镜"按钮，如图 6-47 所示。

**第 2 步**：进入"滤镜"工具栏，滑动工具栏，可以看到多样化风格的滤镜标签分类，要给风景视频素材添加滤镜，可以选择风景标签中的滤镜。例如，选择"柠青"滤镜，当滤镜效果太强或太弱时，拖动小圆点调整滤镜强度，这里将滤镜强烈设置为 100，然后单击"√"按钮，如图 6-48 所示。

**第 3 步**：按住滤镜调节层，左右拖动调节滤镜应用视频范围，单击"返回"按钮，完成添加滤镜，如图 6-49 所示。

图 6-47　单击"滤镜"按钮

图 6-48　选择"柠青"滤镜

图 6-49　添加滤镜

> **技术看板**
>
> 一段视频的滤镜是可以重复添加的，按照上述步骤重复添加即可，直至达到满意的效果。添加滤镜并不局限于类别，风景类视频也可以使用任意标签下的滤镜效果。如果对于添加的滤镜效果不满意，选择单击"删除"按钮删除即可。

观看视频

## 子任务 6.4.2　添加蒙版

蒙版是合成图像的重要工具，其作用是在不破坏原始图像的基础上实现特殊的图层叠加效果。通过剪映 App 可以创建不同形状的蒙版，下面就通过对一段素材更换天空背景为例，讲解蒙版的应用。添加蒙版的具体操作步骤如下。

第 1 步：打开剪映 App，单击"开始创作"按钮，导入需要更换天空的"水边"视频素材，在一级工具栏中单击"画中画"按钮，如图 6-50 所示。

第 2 步：在弹出的二级工具栏中，单击"新增画中画"按钮，如图 6-51 所示。

图 6-50　单击"画中画"按钮

图 6-51　单击"新增画中画"按钮

第 3 步：在视频素材页面中，勾选需要添加的"天空"素材，单击"添加"按钮，如图 6-52 所示。

第 4 步：添加画中画素材，双指缩放视频调整画面大小、位置、长度后，单击"蒙版"按钮，如图 6-53 所示。

图 6-52　选择"天空"素材

图 6-53　添加与调整画中画素材

第 5 步：单击"线性"按钮，然后按住 ⌄ 按钮，确认无误后单击"√"按钮，如图 6-54 所示。

第 6 步：完成蒙版设置后的最终效果，如图 6-55 所示。

图 6-54 调整蒙版效果

图 6-55 添加蒙版效果

## 子任务 6.4.3 添加转场

观看视频

视频转场是视频与视频之间的一种过渡效果，一般用在视频合并的时候，为了避免视频之间的衔接过于生硬，通常会给视频加上转场效果。添加转场的具体操作步骤如下。

第 1 步：打开剪映 App，单击"开始创作"按钮，批量导入多个"荷花"视频素材后，单击▯按钮，如图 6-56 所示。

第 2 步：为素材链接处添加转场效果，单击"运镜转场"标签中的"3D 空间"选项，调整转场数值（调整为 0.1 ~ 5s）后，单击"√"按钮，如图 6-57 所示。

第 3 步：即可在两个图片素材之间添加转场效果，并预览视频如图 6-58 所示。

第 4 步：按照上一步的方法，为所有素材添加合适的转场效果，效果如图 6-59 所示。

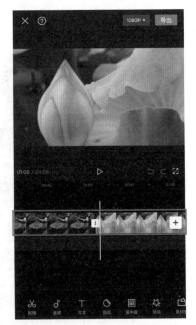
图 6-56 导入多个视频素材

图 6-57  选择"3D 空间"转场　　图 6-58  添加并预览转场　　图 6-59  添加多个转场的效果

## 子任务 6.4.4　动画贴纸

观看视频

经常在短视频作品中看到一些可爱的动画贴纸，这种视频动画效果的制作很简单，通过剪映 App 中自带的素材，就可以丰富视频画面。添加动画贴纸的具体操作步骤如下。

**第 1 步**：打开剪映 App，单击"开始创作"按钮，导入"美女"视频素材后，在一级工具栏中，单击"贴纸"按钮，如图 6-60 所示。

**第 2 步**：进入素材库中，选择适合的贴纸，调整位置和大小后，单击"√"按钮，如图 6-61 所示。

**第 3 步**：单击"返回"按钮 ，完成贴纸添加，如图 6-62 所示。

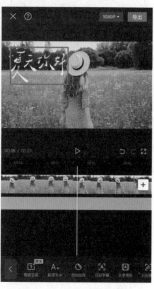

图 6-60  单击"贴纸"按钮　　图 6-61  选择并调整贴纸　　图 6-62  添加贴纸效果

观看视频

## 子任务 6.4.5　画中画

画中画是剪映 App 中非常常用的一个功能，是在原本的视频画面中插入另外一个视频画面，使其形成同步播放的效果，最常用的就是分屏效果的制作。下面通过一个制作分屏视频的案例来讲解画中画的应用。

**第 1 步**：打开剪映 App，单击"开始创作"按钮，导入一段"橘子 1"视频素材后，调整比例为 9:16，在一级工具栏中，单击"画中画"按钮，如图 6-63 所示。

**第 2 步**：在弹出的二级工具栏中，单击"新增画中画"按钮，如图 6-64 所示。

**第 3 步**：勾选需要的素材，单击"添加"按钮，如图 6-65所示。

**第 4 步**：双指缩放视频调整画面大小、位置，以及调整素材长度，此时在时间轴上形成了两段素材并列的效果，如图 6-66 所示。

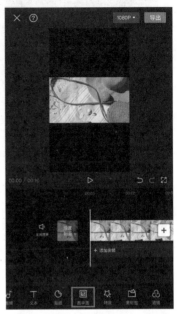

图 6-63　单击"画中画"按钮

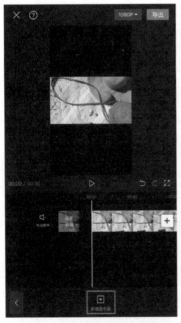

图 6-64　单击"新增画中画"按钮

图 6-65　选中画中画素材

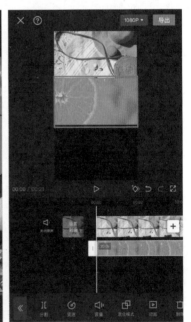

图 6-66　添加画中画效果

**第 5 步**：重复步骤 2 至步骤 4 的操作，再次添加一段素材，并调整位置，单击"返回"按钮 ◄，在时间轴上形成了三段素材并列的效果，用手按住调整每块分屏在画面上的占比，如图 6-67 所示。

**第 6 步**：最终的画面分屏效果，如图 6-68 所示。

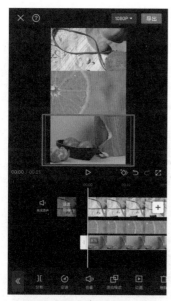

图 6-67　添加画中画素材

图 6-68　最终画面分屏效果

## 子任务 6.4.6　调色处理

观看视频

剪映 App 的调色功能丰富，主要包括亮度、对比度、饱和度、光感、锐化、HSL、曲线、高光、阴影、色温、色调、褪色、暗角、颗粒等功能。下面将一段视频素材调整为电影感调色，具体的操作步骤如下。

**第 1 步**：打开剪映 App，单击"开始创作"按钮，导入一段"花朵"视频素材后，向左滑动一级工具栏，单击"调节"按钮，如图 6-69 所示。

**第 2 步**：在二级工具栏中单击"亮度"按钮，将亮度数值调节为 8，如图 6-70 所示。

图 6-69　单击"调节"按钮

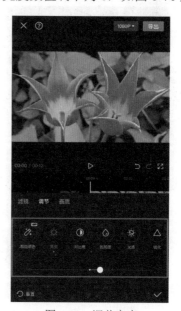

图 6-70　调节亮度

第3步：在二级工具栏中，单击"对比度"按钮，将对比度数值调节为27，如图6-71所示。

第4步：在二级工具栏中，单击"HSL"按钮，将"色调"调整为34，将"饱和度"调整为27，将"亮度"调整为27，调整完成后单击"●"按钮，如图6-72所示。

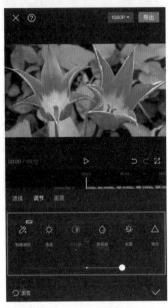
图6-71　调节对比度

图6-72　调节HSL

第5步：在二级工具栏中，单击"曲线"按钮，按住曲线上的调节点进行调节，然后单击"●"按钮，如图6-73所示。

第6步：在二级工具栏中，单击"色温"按钮，将色温数值调节为20，如图6-74所示。

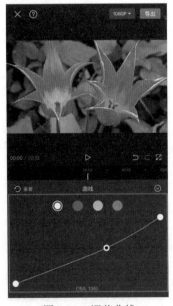
图6-73　调节曲线

图6-74　调节色温

第 7 步：在二级工具栏中，单击"色调"按钮，将色调数值调节为 30，如图 6-75 所示。

第 8 步：在二级工具栏中，单击"暗角"按钮，将暗角数值调节为 28，如图 6-76 所示。

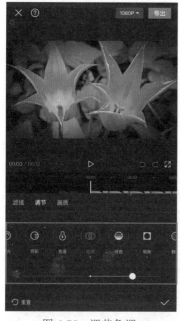
图 6-75　调节色调

图 6-76　调节暗角

第 9 步：单击◀按钮，现在来对比一下通过调色后，两端视频的画面对比，如图 6-77 所示。

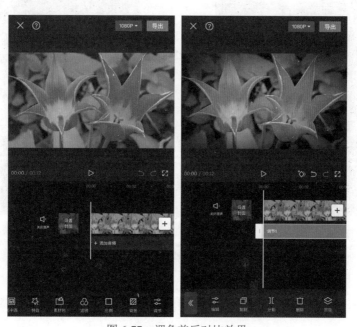
图 6-77　调色前后对比效果

# 任务 6.5 剪映 App 字幕制作技能

为了让短视频的封面效果不仅美观，同时还会显示各种标题和文字信息，就需要为短视频添加封面效果。在默认情况下，剪映 App 会把视频的第一帧画面作为视频的封面，但是用户也可以根据需要自己设置视频封面，并添加文字等装饰来完善封面。在设计好封面效果后，才可以对短视频进行发布操作。

观看视频

## 子任务 6.5.1 新建字幕

在剪映 App 中添加字幕的方式非常简单，只需要短短几个步骤就可以进行文本的新建。新建字幕的具体操作步骤如下。

**第 1 步**：打开剪映 App，单击"开始创作"按钮，导入"鹦鹉"视频后，在一级工具栏中，单击"文本"按钮，如图 6-78 所示。

**第 2 步**：在二级工具栏中，单击"新建文本"按钮，如图 6-79 所示。

图 6-78 单击"文本"按钮　　　　　　　图 6-79 单击"新建文本"按钮

**第 3 步**：输入文字"鹦鹉"，按住画面中的 ⊕ 按钮，调整字幕大小，单击"√"按钮，如图 6-80 所示。

**第 4 步**：按住字幕素材调整字幕位置和长短，单击"返回"按钮，最终效果如图 6-81 所示。

图 6-80　输入文本

图 6-81　调整字幕的位置和长短

## 子任务 6.5.2　编辑字幕

观看视频

　　字幕建好后，可以对文字进行样式设计。短视频创作者可以直接套用剪映 App 自带的文字模板来编辑字幕。具体操作步骤如下。

　　**第 1 步**：打开剪映 App，单击"开始创作"按钮，导入"向日葵"视频，按照 6.5.1 节的步骤创建文本之后，单击"文本模板"按钮，如图 6-82 所示。

　　**第 2 步**：进入"文字模板"标签界面，选择一个合适的文字模板，如图 6-83 所示。

图 6-82　添加文本

图 6-83　选择文字模板

第3步：按住文本调整画面中的位置，单击选中的文本模板，修改文字，然后单击"√"按钮，如图6-84所示。

第4步：单击"返回"按钮，完成字幕模板设置，如图6-85所示。

图6-84　调整文本位置

图6-85　设置字幕模板效果

观看视频

## 子任务6.5.3　设置字幕样式

在进行字幕处理时，还可以对字体、样式、花字进行设置，并添加动画形式。设置字幕样式的具体操作步骤如下。

第1步：打开剪映App，单击"开始创作"按钮，导入"海藻"视频，按照6.5.1节的步骤创建文本之后，单击"编辑"按钮，如图6-86所示。

第2步：在工具栏中选择"字体"标签，然后选择合适的字体样式（如"惊鸿体"），如图6-87所示。

第3步：将工具栏切换到"花字"标签，然后选择合适的花字样式，如图6-88所示。

第4步：将工具栏切换到"动画"标签，在"入场动画"中选择合适的动画效果（如"逐字显影"），然后单击"√"按钮，如图6-89所示。

第5步：设置完成后，单击"返回"按钮即可，如图6-90所示。

图6-86　单击"编辑"按钮

图 6-87　选择字体样式

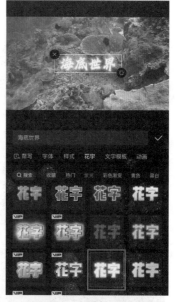

图 6-88　选择花字样式

图 6-89　选择动画效果

图 6-90　完成字幕样式设置

## 子任务 6.5.4　语音转字幕

观看视频

　　语音转字幕功能是剪映 App 中一种非常方便快捷添加字幕的方法，创作者不需要花费大量时间打字，直接通过朗读文案，就可以将声音转化为文字。语音转字幕的具体操作步骤如下。

　　**第 1 步**：打开剪映 App，单击"开始创作"按钮，导入"黄色花海"视频素材后，在一级工具栏中，单击"音频"按钮，如图 6-91 所示。

第 2 步：在二级工具栏中，单击"录音"按钮，如图 6-92 所示。

图 6-91　单击"音频"按钮

图 6-92　单击"录音"按钮

第 3 步：长按页面中的"录音"按钮，录制文案，录制完成后，单击"√"按钮，如图 6-93 所示。

第 4 步：返回到一级工具栏中，单击"文本"按钮，如图 6-94 所示。

图 6-93　录制文案

图 6-94　单击"文本"按钮

第 5 步：在二级工具栏中，单击"识别字幕"按钮，如图 6-95 所示。

第 6 步：选择"仅录音"选项，然后单击"开始匹配"按钮，如图 6-96 所示。

图 6-95　单击"识别字幕"按钮

图 6-96　单击"开始匹配"按钮

**第 7 步**：单击文字文本，调整字幕的字体、样式以及画面中的大小和位置，接着单击
"应用到所有字幕"单选按钮，最后单击" √ "按钮，如图 6-97 所示。

**第 8 步**：单击"返回"按钮◀，完成语音转字幕，如图 6-98 所示。

图 6-97　调整字幕格式

图 6-98　完成语音转字幕

## 子任务 6.5.5　识别字幕

剪映 App 中的识别字幕功能是将视频中原有的语言音频，提取出文字，自动生成字

观看视频

幕并应用于视频中。识别字幕的具体操作步骤如下。

**第1步**：打开剪映 App，单击"开始创作"按钮，导入一段带有配音的"糖果"视频素材后，在一级工具栏中，单击"文本"按钮，如图 6-99 所示。

**第2步**：在二级工具栏中，单击"识别字幕"按钮，如图 6-100 所示。

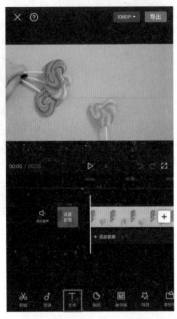

图 6-99　单击"文本"按钮

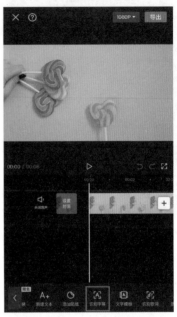

图 6-100　单击"识别字幕"按钮

**第3步**：识别类型选择"全部"选项，单击"开始匹配"按钮，如图 6-101 所示。

**第4步**：单击"返回"按钮，完成字幕识别，如图 6-102 所示。

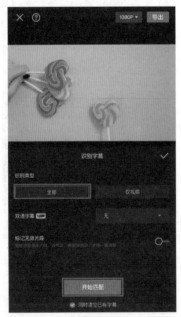

图 6-101　单击"开始匹配"按钮

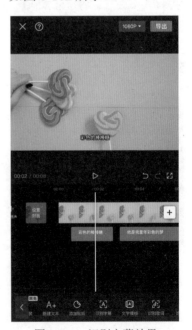

图 6-102　识别字幕效果

## 子任务 6.5.6　识别歌词

观看视频

剪映 App 的识别歌词功能是提取出视频里添加的音乐歌词中的文字，自动生成字幕并应用于视频中。识别歌词的具体操作步骤如下。

**第 1 步**：打开剪映 App，单击"开始创作"按钮，导入一段带有音乐的"瀑布"视频素材，在一级工具栏中，单击"文本"按钮，如图 6-103 所示。

**第 2 步**：在二级工具栏中，单击"识别歌词"按钮，如图 6-104 所示。

图 6-103　单击"文本"按钮

图 6-104　单击"识别歌词"按钮

**第 3 步**：进入"识别歌词"界面，单击"开始匹配"按钮，如图 6-105 所示。

**第 4 步**：选中一段识别的歌词，单击"编辑"按钮，即可识别歌词，如图 6-106 所示。

图 6-105　单击"开始匹配"按钮

图 6-106　单击"编辑"按钮

第 5 步：进入编辑界面，根据 6.5.3 节设置字幕样式的方法，调整字幕的样式、画面上的位置，系统会批量调整所有的字幕，如图 6-107 所示。

第 6 步：单击"返回"按钮，完成识别歌词，如图 6-108 所示。

图 6-107 批量编辑字幕样式

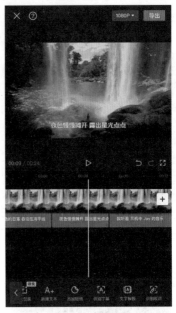

图 6-108 完成歌词识别

观看视频

## 子任务 6.5.7 文本朗读

文本朗读功能是将输入的字幕，通过软件中自带的朗读人声，进行文字朗读，在制作视频时，如果不想采用自己的声音，可以选择文本朗读功能。文本朗读的具体操作步骤如下。

第 1 步：打开剪映 App，单击"开始创作"按钮，导入一段白色背景的视频素材，在一级工具栏中，单击"文本"按钮，如图 6-109 所示。

第 2 步：在二级工具栏中，单击"新建文本"按钮，如图 6-110 所示。

第 3 步：输入文字后，设置文字样式，然后单击"√"按钮，如图 6-111 所示。

第 4 步：选中字幕素材，单击"文本朗读"按钮，如图 6-112 所示。

第 5 步：在音色选择里选择想要的音色后，单击"√"按钮，如图 6-113 所示。

图 6-109 单击"文本"按钮

第 6 步：调整字幕素材长短，单击"返回"按钮，完成文本朗读，如图 6-114 所示。

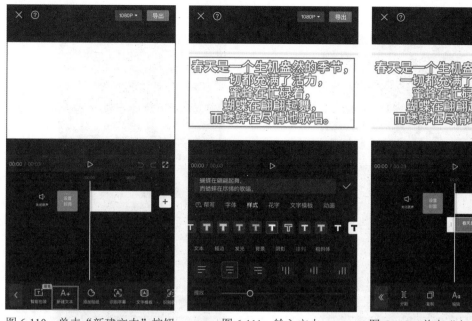

图 6-110　单击"新建文本"按钮　　　　图 6-111　输入文本　　　　图 6-112　单击"文本朗读"按钮

图 6-113　选择音色　　　　　　　　图 6-114　完成文本朗读

## 子任务 6.5.8　文字动画

文字动画功能是将输入的字幕,通过软件中自带的预设动画,使文字添加运动效果。通常应用于视频标题或花字中。文字动画的具体操作步骤如下。

**第 1 步:** 打开剪映 App,单击"开始创作"按钮,导入"城市街道"视频素材,在一级工具栏中,单击"文本"按钮,如图 6-115 所示。

观看视频

**第 2 步**：在二级工具栏中，单击"新建文本"按钮，如图 6-116 所示。

图 6-115 单击"文本"按钮

图 6-116 单击"新建文本"按钮

**第 3 步**：输入文字后，设置文字样式，然后单击"√"按钮，如图 6-117 所示。

**第 4 步**：选中字幕素材，单击"动画"按钮，如图 6-118 所示。

图 6-117 输入文本

图 6-118 单击"动画"按钮

**第 5 步**：在"入场动画"中，选择动画效果（这里选择"羽化向右擦开"），调整数值后，单击"√"按钮，如图 6-119 所示。

**第 6 步**：单击"返回"按钮，完成文字动画制作，如图 6-120 所示。

图 6-119　选择动画效果

图 6-120　完成文字动画制作

## 子任务 6.5.9　制作卡拉 OK 文字效果

观看视频

经常看到一些视频的字幕，有卡拉 OK 文字效果，即演唱到对应文字时，文字改变颜色。通过剪映 App 也可以制作出卡拉 OK 文字效果，具体的操作步骤如下。

**第 1 步：** 打开剪映 App，单击"开始创作"按钮，导入"海岛"视频素材，在一级工具栏中，单击"文本"按钮，如图 6-121 所示。

**第 2 步：** 在二级工具栏中，单击"识别歌词"按钮，如图 6-122 所示。

图 6-121　单击"文本"按钮

图 6-122　单击"识别歌词"按钮

**第3步**：选中识别的歌词，单击"动画"按钮，如图 6-123 所示。

**第4步**：选择"入场动画"中的"卡拉 OK"动画效果，然后单击"√"按钮，如图 6-124 所示。

图 6-123　单击"动画"按钮　　　　　　　　　　　　图 6-124　选择动画效果

**第5步**：调整画面上字幕素材的大小后，系统会自动将"卡拉 OK"效果应用所有字幕，如图 6-125 所示。

**第6步**：将所有歌词字幕素材按照步骤 4 的操作方法进行设置，如图 6-126 所示。

**第7步**：单击"返回"按钮■，完成卡拉 OK 效果制作，如图 6-127 所示。

图 6-125　调整字幕素材大小　　　　图 6-126　调整字幕样式　　　　图 6-127　制作卡拉 OK 文字

## 任务 6.6　使用关键帧制作动画效果

关键帧是控制目标自由运动的功能，可以让画面中停止的素材通过添加关键帧进行运动。也就是说，通过关键帧，再配合视频、图片、素材、音频和文本等素材，可以制作效果酷炫的关键帧动画。

### 子任务 6.6.1　关键帧基本操作（添加、选择、删除）

观看视频

在剪映 App 中，可以添加多个关键帧效果，也可以对添加后的关键帧进行选择与删除操作。具体的操作步骤如下。

**第 1 步**：打开剪映 App，单击"开始创作"按钮，导入"花朵"视频素材，如图 6-128 所示。

**第 2 步**：选中视频素材，将时间线移至开始制作动画的时间点，单击"关键帧"按钮，如图 6-129 所示。

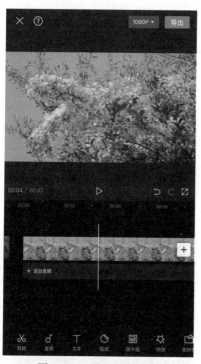

图 6-128　导入视频素材

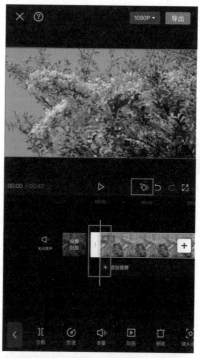

图 6-129　单击"关键帧"按钮

**第 3 步**：则在时间线的视频素材上添加一个红色菱形图标，完成第一个关键帧的添加，如图 6-130 所示。

**第 4 步**：使用同样的方法，依次移动时间线的位置，继续添加其他关键帧，如图 6-131 所示。

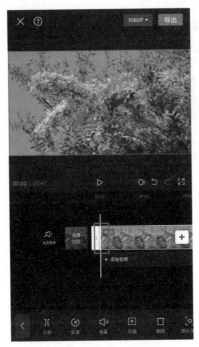

图 6-130　添加第一个关键帧

图 6-131　添加其他关键帧

**第 5 步**：将时间线移至关键帧上时，关键帧图标变成红色，表示该处关键帧处于选中状态，如图 6-132 所示。

**第 6 步**：当选中关键帧时，关键帧图标上的符号由"＋"变成了"－"，单击该按钮，即可删除该关键帧，如图 6-133 所示。

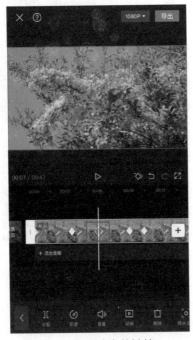

图 6-132　选中关键帧

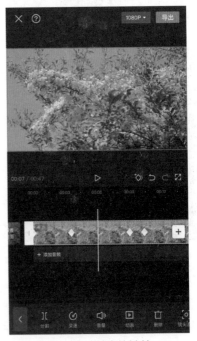

图 6-133　删除关键帧

## 子任务 6.6.2　制作缩放动画

通过使用"关键帧"功能，可以制作出让画面逐渐放大的动画效果，其具体的操作步骤如下。

**第 1 步**：打开剪映 App，单击"开始创作"按钮，导入"甜甜圈"视频素材，如图 6-134 所示。

**第 2 步**：选中视频素材，将时间线移至动画开始的时间点，单击"关键帧"按钮，添加第一个关键帧，如图 6-135 所示。

**第 3 步**：将时间线移至动画结束的时间点，单击"关键帧"按钮，添加第二个关键帧，如图 6-136所示。

**第 4 步**：在预览区域中将图像放大，如图 6-137所示，此时，在第二个关键帧的时间点上，视频画面产生了变化，相比原来的画面放大了。

**第 5 步**：将时间线移至开始的时间点，单击"播放"按钮，即可看到画面产生了放大的动画效果，从第一个关键帧开始放大，一直放大到第二个关键帧设置的大小处停止，其效果如图 6-138 所示。

观看视频

图 6-134　导入视频素材

图 6-135　添加第一个关键帧

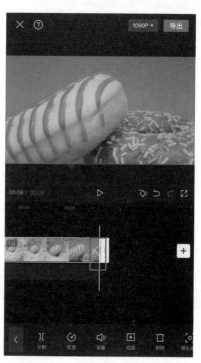

图 6-136　添加第二个关键帧

图 6-137　放大图像

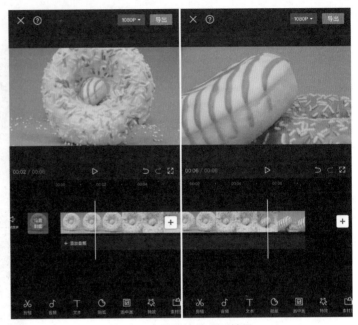

图 6-138　预览缩放动画效果

观看视频

## 子任务 6.6.3　制作文本动画

通过关键帧，还可以制作文字在画面中移动的动画效果。具体的操作步骤如下。

**第 1 步：** 打开剪映 App，单击"开始创作"按钮，导入"落日"视频素材，如图 6-139 所示。

**第 2 步：** 在画面中添加文本，并设置好文本样式和在画面中的位置，如图 6-140 所示。

图 6-139　导入视频素材

图 6-140　添加文本

第3步：将时间线移至文字动画开始的时间点，单击"关键帧"按钮，添加第一个关键帧，如图6-141所示。

第4步：将时间线移至文字动画结束的时间点，单击"关键帧"按钮，添加第二个关键帧，并在预览区域中调整文字的位置，如图6-142所示。

图6-141　添加一个关键帧

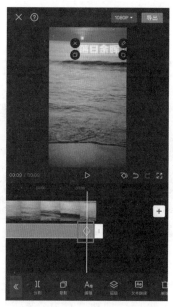
图6-142　添加第二个关键帧

第5步：将时间线移至开始的时间点，单击"播放"按钮，即可预览文字动画效果，可以看到文字从第一个关键帧开始移动，一直移动到第二个关键帧设置的位置处停止，其效果如图6-143所示。

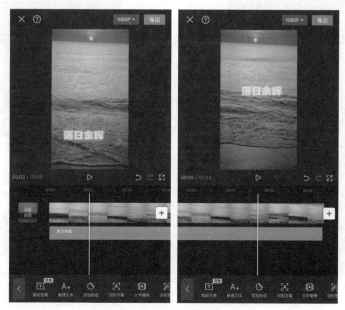
图6-143　预览文字动画效果

观看视频

## 课堂实训 1——应用"剪同款"功能制作短视频

剪映 App 的"剪同款"功能中拥有非常丰富的爆款短视频模版，创作者可以根据自己的创作需求、热度去选择喜欢的视频板块效果，一键套用模板。"剪同款"功能常用的视频模板类型，主要包括卡点、日常碎片、萌娃、玩法、旅行、纪念日、美食、Vlog 等。"剪同款"功能的操作十分简单，创作者选好模板后，只需单击"剪同款"图标，上传对应的照片 / 视频素材后即可一键生成爆款短视频。应用"剪同款"功能制作美食短视频的部分效果如图 6-144 所示。

图 6-144　美食短视频作品的部分画面效果

应用"剪同款"功能制作短视频的具体操作步骤如下。

第 1 步：打开剪映 App，单击"剪同款"按钮，如图 6-145 所示。

第 2 步：进入"剪同款"界面，单击顶部搜索框，输入"运镜宣传打卡模板"，单击"搜索"按钮，如图 6-146 所示。

图 6-145　单击"剪同款"按钮

图 6-146　单击"搜索"按钮

第 3 步：显示搜索结果，单击选择"运镜宣传打卡模板"，如图 6-147 所示。

第 4 步：进入模板后，能看到该模板的效果展示，单击"剪同款"按钮，如图 6-148 所示。

图 6-147　选择运镜模板

图 6-148　单击"剪同款"按钮

第 5 步：进入素材选择界面，单击需要导入的素材，确认无误后，单击"下一步"按钮，此处导入 7 段图像素材，如图 6-149 所示。

第 6 步：界面跳转后，可以看到导入的素材已经组合生成了酷炫的运镜效果。此特效配合背景音乐卡点，十分适合产品展示或美食、美景展示。若不需要进行其他调整，则直接单击右上角的"导出"按钮导出视频即可，如图 6-150 所示。

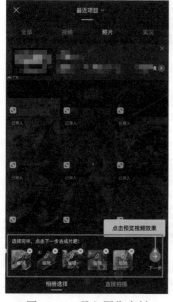

图 6-149　导入图像素材

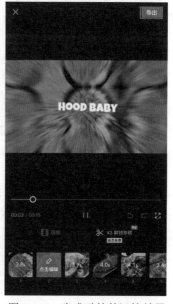

图 6-150　生成酷炫的运镜效果

观看视频

课堂实训2——制作有节奏的音乐卡点短视频

卡点指画面卡住音乐的节奏点，同步出现或消失的视觉效果，能有效增强视觉冲击感。特别是在一些需要体现运动的视频中，同时加入卡点和动画的特效，能使之视频更具美观性。使用剪映App可以制作带有节奏的音乐卡点短视频，该短视频中会包含导入素材、添加音乐、制作卡点音乐等操作，最终短视频的部分画面效果，如图6-151所示。

图6-151　音乐卡点短视频作品的部分画面效果

制作有节奏的音乐卡点短视频的具体操作步骤如下。

第1步：打开剪映App，单击"开始创作"按钮，如图6-152所示。

第2步：在页面中选择需要编辑的视频素材，单击"添加"按钮，如图6-153所示。

图6-152　单击"开始创作"按钮

图6-153　选择视频素材

第 3 步：即可添加视频素材，进入编辑视频页面，单击"音频"按钮，如图 6-154 所示。

第 4 步：进入二级工具栏，单击"音乐"按钮，如图 6-155 所示。

图 6-154　单击"音频"按钮　　　　　　　图 6-155　单击"音乐"按钮

第 5 步：进入添加音乐页面，单击"卡点"按钮，如图 6-156 所示。

第 6 步：进入卡点音乐页面，单击要添加的音乐后面的"使用"按钮，如图 6-157 所示，即可为视频添加卡点音乐。

图 6-156　单击"卡点"按钮　　　　　　　图 6-157　单击"使用"按钮

第 7 步：单击选中音乐素材，单击工具栏中的"节拍"按钮，如图 6-158 所示。

第 8 步：单击"自动踩点"按钮，开启自动踩点，然后单击"踩节拍 II"按钮，如图 6-159 所示。

图 6-158　单击"节拍"按钮

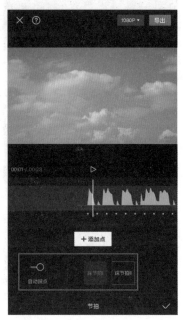

图 6-159　单击"踩节拍 II"按钮

第 9 步：添加卡点音乐效果，选中缩略图上的视频素材，然后单击"蒙版"按钮，如图 6-160 所示。

第 10 步：进入蒙版界面，单击"矩形"按钮，如图 6-161 所示。

图 6-160　单击"蒙版"按钮

图 6-161　单击"矩形"按钮

第 11 步：拖动█按钮，调整矩形蒙版的大小，如图 6-162 所示。

第 12 步：拖动◎按钮，为矩形蒙版添加圆角效果，如图 6-163 所示。

图 6-162　调整矩形蒙版大小

图 6-163　添加圆角效果

第 13 步：单击选中视频素材，单击工具栏中的"复制"按钮，如图 6-164 所示。

第 14 步：复制后共有 2 个视频画面，选中主画面，单击"切画中画"按钮，如图 6-165 所示。

图 6-164　单击"复制"按钮

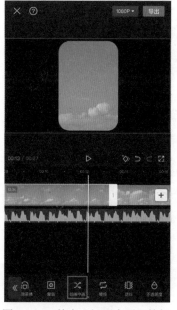
图 6-165　单击"切画中画"按钮

第 15 步：单击选中视频素材，单击"蒙版"按钮，如图 6-166 所示。

短视频拍摄、剪辑与制作

第 16 步：出现 2 个蒙版，拖动其中一个至左边，单击"√"按钮，如图 6-167 所示。

图 6-166　单击"蒙版"按钮

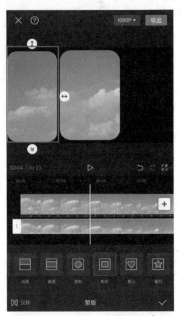

图 6-167　添加第 2 个蒙版

第 17 步：回到视频编辑页面，选中主画面，单击"复制"按钮，如图 6-168 所示。

第 18 步：现在共有 3 个视频画面，选中主画面，单击"切画中画"按钮，如图 6-169 所示。

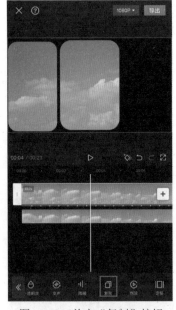

图 6-168　单击"复制"按钮

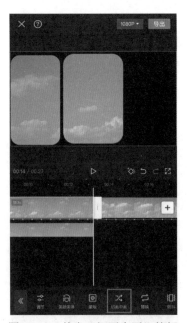

图 6-169　单击"切画中画"按钮

第 19 步：单击选中视频素材，单击"蒙版"按钮，如图 6-170 所示。

第 20 步：出现 3 个蒙版，拖动其中一个至右边，单击"√"按钮，如图 6-171 所示。

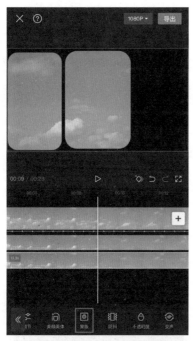
图 6-170　单击"蒙版"按钮

图 6-171　添加第 3 个蒙版

第 21 步：单击第二个画面，将第二个画面拖动至第二个踩点处，如图 6-172 所示。

第 22 步：单击第三个画面，将第三个画面拖动至第三个踩点处，如图 6-173 所示。

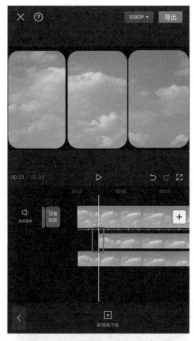
图 6-172　移动画面 2 的位置

图 6-173　移动画面 3 的位置

第 23 步：选中主画面，在第四个踩点的位置单击"分割"按钮，如图 6-174 所示，分割视频素材。

第 24 步：使用相同的方法，在主画面中每 4 个踩点处都单击"分割"按钮，分割视频素材，如图 6-175 所示。

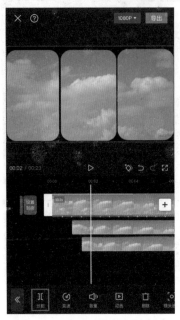

图 6-174　单击"分割"按钮

图 6-175　分割主画面素材

第 25 步：选中第二个画面，在第 4 个踩点的位置单击"分割"按钮，如图 6-176 所示，分割视频素材。

第 26 步：在第二个画面每 4 个踩点的位置都单击"分割"按钮，如图 6-177 所示，分割视频素材。

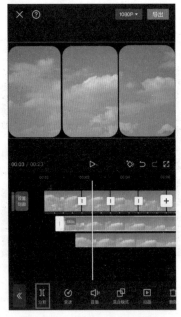

图 6-176　单击"分割"按钮

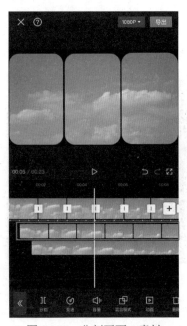

图 6-177　分割画面 2 素材

第 27 步：选中第三个画面，在第四个踩点的位置单击"分割"按钮，如图 6-178 所示，分割视频素材。

第 28 步：在第三个画面中每 4 个踩点的位置处都单击"分割"按钮，如图 6-179 所示，分割视频素材。

图 6-178　单击"分割"按钮

图 6-179　分割画面 3 素材

第 29 步：选中主画面中第一段视频，单击"动画"按钮，如图 6-180 所示。

第 30 步：进入动画界面，单击"入场动画"按钮，进入"入场动画"界面，如图 6-181 所示。

图 6-180　单击"动画"按钮

图 6-181　进入"入场动画"界面

第 31 步：选择"动感放大"动画效果，单击"√"按钮，如图 6-182 所示。

第 32 步：为选择的视频画面添加"动感放大"的入场特效，如图 6-183 所示。

图 6-182　选择"动感放大"动画效果

图 6-183　添加动画效果

第 33 步：选择第一个画面中的第二段视频，单击"替换"按钮，如图 6-184 所示。

第 34 步：进入选择内容页面，如图 6-185 所示。

图 6-184　单击"替换"按钮

图 6-185　进入内容选择界面

第 35 步：选择新的视频内容，单击"确认"按钮，如图 6-186 所示，即可替换视频素材。

第 36 步：重复替换步骤，将各个视频画面都替换为新的视频内容，如图 6-187 所示。

图 6-186　选择替换内容

图 6-187　替换其他视频素材

第 37 步：重复添加动画步骤，为各个视频画面都添加"动感放大"的入场特效，如图 6-188 所示。

第 38 步：替换全部视频画面并且添加动画特效后，整个视频内容就会以卡点＋动画的形式展现，如图 6-189 所示。

图 6-188　添加入场动画

图 6-189　完成短视频制作

第 39 步：至此，整个视频编辑完成，单击"播放"按钮播放视频效果，然后设置视频的分辨率为 1080p，帧率为 20，最后导出保存即可。

## 课后练习

1. 使用剪映 App 制作一条音乐 MV 短视频作品。
2. 使用剪映 App 中的"剪同款"功能，制作一条短视频作品。

# 项目 7　使用 Premiere 剪辑
短视频

- 掌握新建项目并导入素材的操作步骤。
- 掌握素材文件的编辑操作步骤。
- 掌握添加转场效果的操作步骤。
- 掌握制作字幕的操作步骤。
- 掌握添加视频特效的操作步骤。
- 掌握音频编辑的操作步骤。

Premiere 是一款功能全面的视频剪辑软件，它的全称为 Adobe Premiere Pro，适用于电影、电视和 Web 的视频编辑。Premiere 具有超高的兼容性，能处理与导出多种格式的素材，实现视频、音频加工等多项功能。通过本项目多个项目任务的学习，读者可以熟练掌握导入素材、修剪视频、添加专场效果、制作字幕、添加视频特效、添加与编辑音频等操作。

观看视频

# 任务 7.1　新建项目并导入素材

使用 Premiere 剪辑短视频，首先需要新建剪辑项目并导入素材，下面就以竖屏短视频项目的新建和素材导入为例进行讲解。使用 Premiere 新建项目并导入素材的具体操作步骤如下。

**第 1 步：** 打开 Premiere Pro 2022，在菜单栏中单击"文件"菜单，然后依次单击"新建"→"项目"命令，如图 7-1 所示。

**第 2 步：** 在"新建项目"对话框中，输入新建项目的名称"任务 1"，更改工程文件的存储位置，单击"确定"按钮，如图 7-2 所示，即可新建项目。

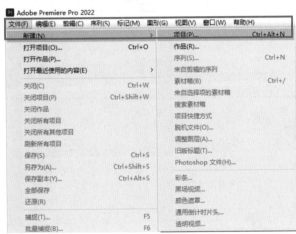

图 7-1　选择"项目"命令　　　　　图 7-2　设置项目参数

**第 3 步：** 在"项目"面板的空白处单击鼠标右键，在弹出的快捷菜单中选择"新建项目"命令，在展开的子菜单中选择"序列"命令，如图 7-3 所示。

**第 4 步：** 打开"新建序列"对话框后，在"序列预设"选项卡下的"可用预设"列表框中，选择"标准 48kHz"选项，在"序列名称"文本框中输入"总合层"，然后单击"确定"按钮，如图 7-4 所示。

**第 5 步：** 修改视频的画幅尺寸，单击切换至"设置"选项卡，在"编辑模式"列表框中选择"自定义"选项，修改"帧大小"参数为"1080 和 1920 像素"，将"像素长宽比"更改为"方形像素（1.0）"，单击"确定"按钮，如图 7-5 所示。

**第 6 步：** 完成序列文件的新建操作后，并在"项目"面板中显示，且可以看到画幅比例已调整为竖屏 6:19，如图 7-6 所示。

**第 7 步：** 效果项目新建完成后，开始导入素材，在项目面板的空白处单击鼠标右键，在弹出的快捷菜单中选择"新建素材箱"命令，如图 7-7 所示。

**第 8 步：** 即可新建素材箱，并在"项目"面板中显示，如图 7-8 所示。

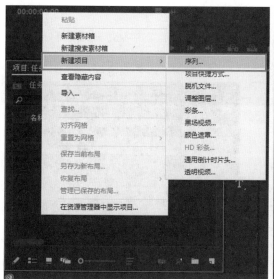

图 7-3　选择"序列"命令

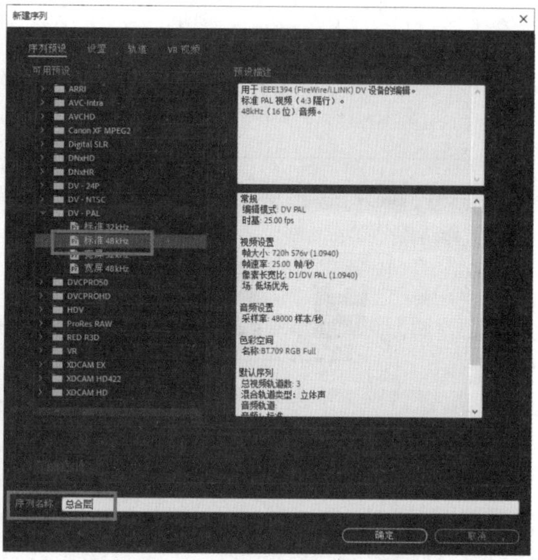

图 7-4　设置序列预设参数

图 7-5　修改画幅尺寸

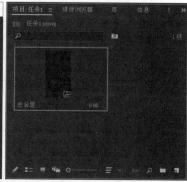

图 7-6　新建序列文件

图 7-7　选择"新建素材箱"命令

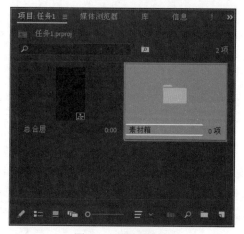

图 7-8　新建素材箱

**第 9 步**：在素材箱上，双击鼠标左键，打开"素材箱"面板，然后在该面板的空白处双击鼠标左键，打开"导入"对话框，在相应的文件夹中选择需要导入的视频素材、图片素材，单击"打开"按钮，如图 7-9 所示。

第 10 步：将选择的所有视频和图像素材，添加至"素材箱"面板，完成素材的导入操作，其效果如图 7-10 所示。

图 7-9　选择视频和图像素材

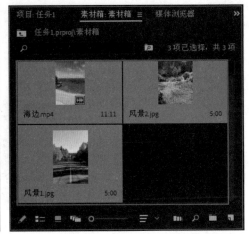

图 7-10　导入素材库素材

┌─ **技术看板** ─────────────────────────────────────────

使用 Adobe Premiere 导入素材时，如果素材量较大，种类较多时，建议新建多个素材箱，并修改名称做好素材管理。并且，在前期导入素材时，并不需要一次性准备好全部素材导入，可以根据后期需要，随时添加导入素材。

└──────────────────────────────────────────────────────

# 任务 7.2　素材文件的编辑操作

学会了使用 Premiere 导入新建项目与导入素材后，就可以开始进行视频的剪辑了，接下来就结合实例进行讲解，来看看使用 Premiere 如何对视频文件进行编辑操作。

## 子任务 7.2.1　修剪视频

观看视频

修剪视频素材，就是将一段完整的素材使用"剃刀"工具，将视频分割开，将不需要的多余部分进行删除。修剪视频的具体操作步骤如下。

第 1 步：打开 Premiere Pro 2022，新建项目后，在"项目"面板中双击鼠标左键，导入"蝴蝶 1"视频素材，如图 7-11 所示。

第 2 步：选中新导入的视频素材，将其拖入"时间轴"面板的视频轨道上，如图 7-12 所示。

第 3 步：移动时间线至视频需要剪段的位置，如图 7-13 所示。

第 4 步：在"工具"面板中，单击"剃刀工具"按钮，如图 7-14 所示。

图 7-11　导入视频素材

图 7-12　拖曳视频素材

图 7-13　移动时间线位置

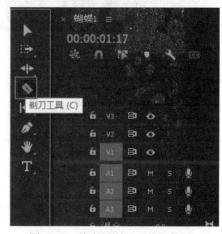

图 7-14　单击"剃刀工具"按钮

**第 5 步：** 在时间线上位置处，单击鼠标左键，即可分割视频，如图 7-15 所示。

**第 6 步：** 使用同样的方法，依次在其他的时间线位置处单击鼠标左键，多次分割视频素材，如图 7-16 所示。

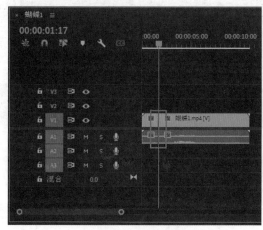

图 7-15　分割视频

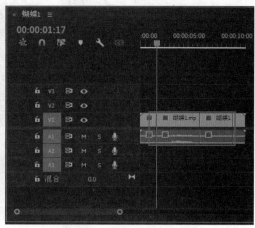

图 7-16　多次分割视频

**第7步**：在"工具"面板中，单击"选择工具"按钮，在视频轨道上，选中不需要的那一部分素材，如图 7-17 所示。

**第8步**：按键盘上的 Delete 键进行删除，完成视频的修剪，如图 7-18 所示。

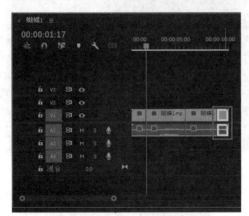

图 7-17　选中视频素材　　　　　　　　　图 7-18　删除视频素材

观看视频

## 子任务 7.2.2　改变素材的持续时间

改变一段视频素材的持续时间，即将一段视频素材停留的时长延长或者缩短，也就是将正常速度的视频进行快进或放慢的效果。改变素材的持续时间。具体的操作步骤如下。

**第1步**：在"项目"面板中双击鼠标左键，导入"蝴蝶2"视频素材，如图 7-19 所示。

**第2步**：将"蝴蝶2"视频素材拖曳至"时间轴"面板的视频轨道上，如图 7-20 所示。

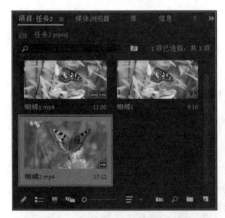
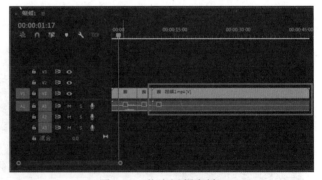

图 7-19　导入"蝴蝶2"视频　　　　　　　图 7-20　拖曳视频素材

**第3步**：在"工具"面板中，单击"选择工具"按钮，选中"蝴蝶2"视频素材，如图 7-21 所示。

**第4步**：单击鼠标右键，在弹出的快捷菜单中选择"速度/持续时间"命令，如图 7-22 所示。

图 7-21　选择视频素材

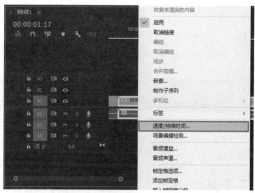

图 7-22　选择"速度 / 持续时间"命令

**第 5 步**：将时长为 20 秒的视频分别缩短至 10 秒和延长至 40 秒。在"剪辑速度 / 持续时间"对话框中，将"速度"调整为"350%"，勾选"保持音频音调"复选框，如图 7-23 所示。

**第 6 步**：单击"确定"按钮，将视频缩短至 10 秒，其效果如图 7-24 所示。

图 7-23　设置参数值

图 7-24　缩短视频

**第 7 步**：在"剪辑速度 / 持续时间"对话框中，将"速度"调整为 92%，勾选"保持音频音调"复选框，如图 7-25 所示。

**第 8 步**：单击"确定"按钮，将视频延长至 40 秒，其效果如图 7-26 所示。

图 7-25　设置参数值

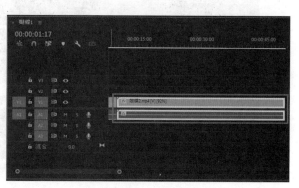

图 7-26　延长视频

# 任务 7.3　转场效果

视频转场是视频与视频之间的一种过渡效果，相比手机剪辑软件制作出来的转场效果，使用 Premiere 可以为视频添加更多样、更丰富的转场效果。下面讲解如何使用 Premiere 为视频添加转场效果。

## 子任务 7.3.1　添加转场效果

观看视频

在视频转场效果中，最常见的视频过渡效果就是叠化效果（溶解效果）。下面使用 Premiere 为视频素材添加转场效果。具体的操作步骤如下。

**第 1 步**：打开 Premiere Pro 2022，新建项目后，导入"花朵 1"至"花朵 5"视频素材，如图 7-27 所示。

**第 2 步**：在"项目"面板中，依次选中所有视频素材，将其按顺序拖曳至"时间轴"面板的视频轨道上，如图 7-28 所示。

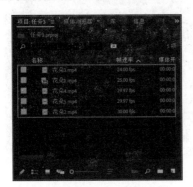

图 7-27　导入多个视频素材

图 7-28　拖曳视频素材

**第 3 步**：在"工具"面板中，单击"剃刀工具"按钮，依次分割相应的视频素材，如图 7-29 所示。

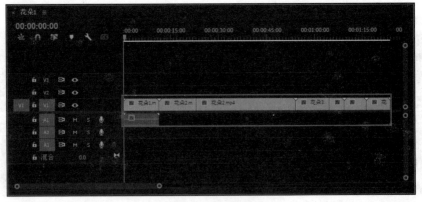

图 7-29　分割视频素材

**第 4 步**：在"工具"面板中，单击"选择工具"按钮，在按住 Shift 键的同时，依次选中多余的视频素材，如图 7-30 所示。

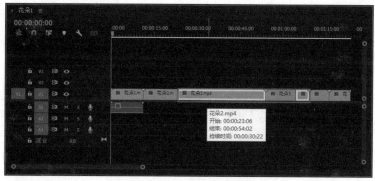

图 7-30　选中多余的视频素材

**第 5 步**：按 Delete 键，即可删除多余的视频素材，然后移动各个视频素材的位置，并分离"花朵 1"视频素材，删除音频素材，如图 7-31 所示。

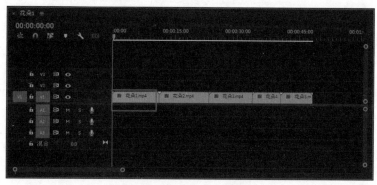

图 7-31　删除与编辑素材

**第 6 步**：切换至"效果"面板，选择"视频过渡"选项，展开选择的选项，选择"溶解"选项，如图 7-32 所示。

**第 7 步**：展开选择的选项，选择"交叉溶解"视频过渡效果，如图 7-33 所示。

图 7-32　选择"溶解"选项

图 7-33　选择视频过渡效果

**第8步**：将选择"交叉溶解"视频过渡效果拖曳至"花朵1"和"花朵2"两段视频素材之间，如图7-34所示。

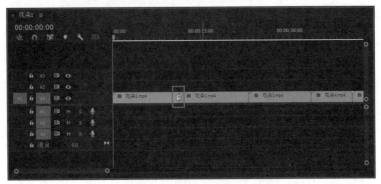

图 7-34　添加"交叉溶解"视频过渡效果

**第9步**：重复步骤6至步骤8的操作方法，将所有视频交界处添加转场效果，如图7-35所示。

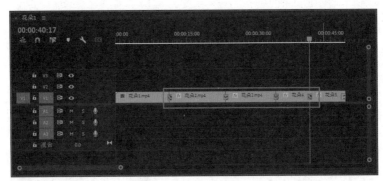

图 7-35　添加其他转场效果

**第10步**：在"节目监视器"面板中，单击"播放－停止切换"按钮，预览视频转场效果，如图7-36所示。

图 7-36　预览视频转场效果

技术看板

　　使用 Adobe Premiere 中的转场效果，除了本案例中选择的"溶解"效果，还可以按照视频效果的需要选择其他转场效果。软件自带的转场效果有限，可以选择在网络上下载转场插件，进行视频转场效果的制作。

## 子任务 7.3.2　删除转场效果

观看视频

　　添加了视频转场后，如果发现效果不满意，该如何删除转场效果呢？下面讲解删除转场效果的操作，具体的操作步骤如下。

　　**第 1 步**：在"工具"面板中，单击"选择工具"按钮，选中已添加的转场效果，如图 7-37 所示。

　　**第 2 步**：按键盘上的 Delete 键，删除转场效果，如图 7-38 所示。

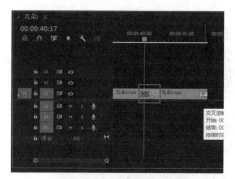
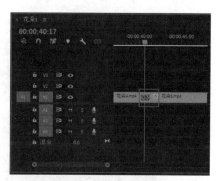

图 7-37　选中转场效果　　　　　　　　　图 7-38　删除转场效果

## 子任务 7.3.3　设置转场时间

观看视频

　　转场效果添加完成后，系统会预设自动生成固定的转场持续时间。短视频创作者需要根据视频的剪辑节奏、音乐卡点对转场的时长进行修改。设置转场时间的具体操作步骤如下。

　　**第 1 步**：在"工具"面板中，单击"选择工具"按钮，选中"花朵 1"和"花朵 2"素材之间的转场效果，如图 7-39 所示。

　　**第 2 步**：在"效果控件"面板中，将"持续时间"修改为 00:00:04:00，如图 7-40 所示。

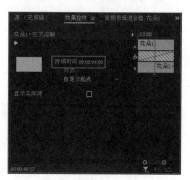

图 7-39　选择转场效果　　　　　　　　　图 7-40　修改持续时间

**第 3 步**：设置转场时间，则时间轴中的转场效果长度也随之发生变化，如图 7-41 所示。

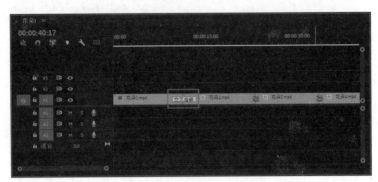

图 7-41　设置转场时间

**第 4 步**：使用同样的方法，将其他转场效果的持续时间修改为 00:00:04:00，其"时间轴"面板如图 7-42 所示。

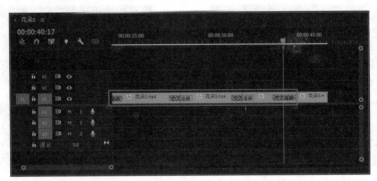

图 7-42　设置其他转场效果的转场时间

# 任务 7.4　制作字幕

Premiere 经常用来制作电影、电视等影视作品中的专业字幕，短视频同样可以使用 Premiere 来制作字幕。相比于手机剪辑软件，Premiere 制作的字幕比较复杂，因为没有软件中预设的字幕模板，所以要求短视频创作者具有一定的审美能力，自己设计字幕的样式。下面通过实例讲解如何制作字幕。

观看视频

## 子任务 7.4.1　创建字幕

Premiere 创建字幕的方式比较简单，创建字幕的具体操作步骤如下。

**第 1 步**：打开 Premiere Pro 2022，新建项目后，导入"蛋糕 1"和"蛋糕 2"视频素材，如图 7-43 所示。

图 7-43　导入视频素材

**第 2 步**：在"项目"面板中，选择新导入的视频素材，将其拖曳至"时间轴"面板的视频轨道上，如图 7-44 所示。

**第 3 步**：在菜单栏中单击"文件"菜单，然后依次单击"新建"→"旧版标题"命令，如图 7-45 所示。

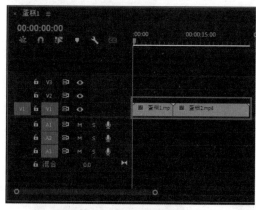

图 7-44 拖曳视频素材

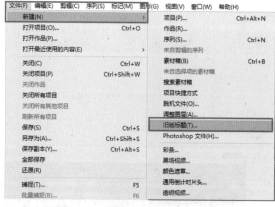

图 7-45 单击"旧版标题"命令

**第 4 步**：打开"新建字幕"对话框，保持默认参数设置，单击"确定"按钮，如图 7-46 所示。

**第 5 步**：打开字幕窗口，在"工具"选项区中，单击"文字工具"按钮，在画面中的合适位置处，单击鼠标左键，在字幕框中输入所需文案文字（如"美味蛋糕香甜可口"），即可完成字幕创建，如图 7-47 所示。

图 7-46 "新建字幕"对话框

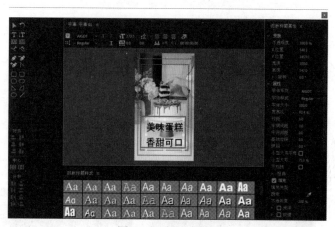

图 7-47 创建字幕

## 子任务 7.4.2 设置字幕

观看视频

使用 Premiere 制作字幕的难点主要在于字幕样式的设置。因为 Premiere 软件自带的字幕模板比较基础，设计感较差，所以，短视频创作者通常需要自己去设计和调整字幕样式。设置字幕的具体操作步骤如下。

第1步：创建字幕后，在右侧的"旧版标题属性"选项区中，对文字颜色、字体、大小、边框、阴影进行设置。例如，选中字幕，在"属性"一栏中，将"字体系列"设置为"方正喵呜体"，"字体大小"为150，"行距"为41，如图 7-48 所示。

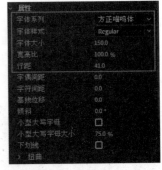

图 7-48　设置属性参数

第2步：勾选"填充"复选框，单击"颜色"右侧的颜色块，打开"拾色器"对话框，将颜色参数设置为#F53737，如图 7-49 所示。

第3步：在"描边"选项区中，添加"外描边"效果，将"类型"设置为"边缘"，"大小"为10，"颜色"为 # FFFFFF，如图 7-50 所示。

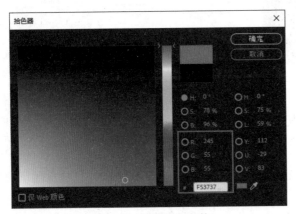

图 7-49　设置颜色参数

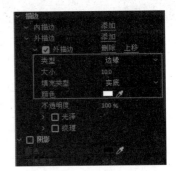

图 7-50　设置描边参数

第4步：在"阴影"选项区中，勾选"阴影"复选框，设置"不透明度"为50%，如图 7-51 所示。

第5步：字幕设置完成后，关闭字幕窗口，将设置好的字幕拖曳至"时间轴"面板的"视频2"轨道上，并调整其持续时间长度，如图 7-52 所示。

第6步：在"节目监视器"面板中，预览最终的字幕效果，如图 7-53 所示。

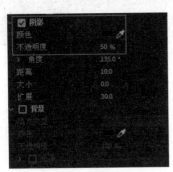

图 7-51　设置阴影参数

图 7-52　添加字幕素材

图 7-53　预览字幕效果

观看视频

# 任务 7.5　视频特效

使用 Premiere 可以为视频添加丰富且专业的特效，不过在添加视频效果之前，短视频创作者需要先进行效果控件的参数调整以及关键帧的设置。下面通过实例来学习一下如何添加视频效果，具体的操作步骤如下。

**第 1 步**：打开 Premiere Pro 2022，新建项目和序列文件，导入"马卡龙 1"至"马卡龙 7"视频和图像素材，如图 7-54 所示。

**第 2 步**：在"项目"面板中，选择所有图像和视频素材，将其按顺序依次拖曳至"时间轴"面板的"视频 1"轨道上，如图 7-55 所示。

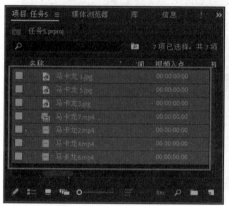
图 7-54　导入视频和图像素材

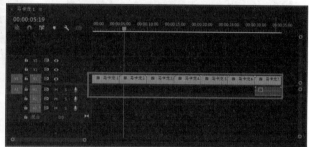
图 7-55　拖曳视频和图像素材

**第 3 步**：选中"马卡龙 7"视频素材，分离该视频中的音频，并删除音频素材，如图 7-56 所示。

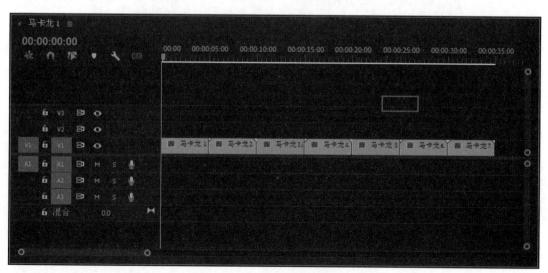
图 7-56　编辑视频和图像素材

**第 4 步：** 在"效果"面板中，展开"视频效果"选项，选择"生成"选项，展开选择的选项，选择"四色渐变"视频特效，如图 7-57 所示。

**第 5 步：** 将选择的视频特效添加至视频轨道的"马卡龙 1"素材上，然后选择"马卡龙 1"视频素材，在"效果控件"面板的"四色渐变"选项区中，修改"混合模式"为"柔光"，如图 7-58 所示。

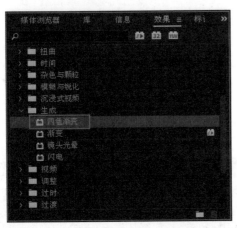

图 7-57　选择"四色渐变"视频特效

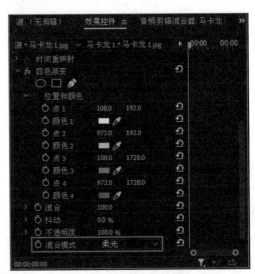

图 7-58　修改参数值

**第 6 步：** 为"马卡龙 1"素材添加"四色渐变"视频特效，其前后对比效果如图 7-59 所示。

图 7-59　应用"四色渐变"视频特效前后对比效果

**第 7 步**：在"效果"面板中，展开"视频效果"选项，选择"过时"选项，展开选择的选项，选择"RGB 曲线"视频特效，如图 7-60 所示。

**第 8 步**：将选择的视频特效添加至视频轨道的"马卡龙 2"素材上，然后选择"马卡龙 2"视频素材，在"效果控件"面板的"RGB 曲线"选项区中，调整各个曲线参数，如图 7-61 所示。

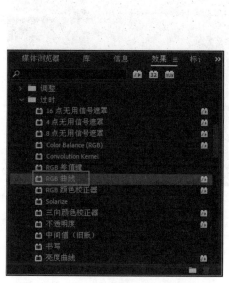

图 7-60  选择"RGB 曲线"视频特效

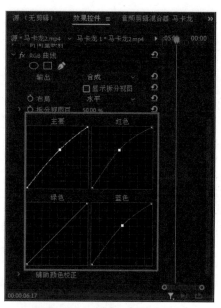

图 7-61  调整各曲线参数

**第 9 步**：为"马卡龙 2"素材添加"RGB 曲线"视频特效，其前后对比效果如图 7-62 所示。

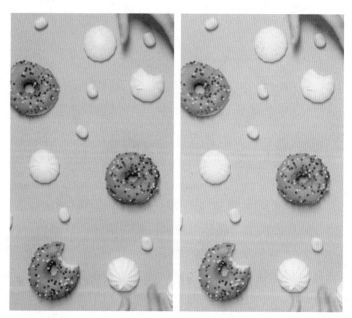

图 7-62  应用"RGB 曲线"视频特效的前后对比效果

第 10 步：在"效果"面板中，展开"视频效果"选项，选择"过时"选项，展开选择的选项，选择"算术"视频特效，如图 7-63 所示。

第 11 步：将选择的视频特效添加至视频轨道的"马卡龙 3"素材上，然后选择"马卡龙 3"视频素材，在"效果控件"面板的"算术"选项区中，将"运算符"设置为"滤色"，"绿色值"为 18，"蓝色值"为 79，如图 7-64 所示。

图 7-63　选择"算术"视频特效

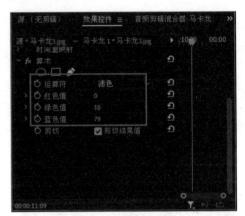

图 7-64　修改参数值

第 12 步：为"马卡龙 3"素材添加"算术"视频特效，其前后对比效果如图 7-65 所示。

图 7-65　应用"算术"视频特效的前后对比效果

第 13 步：在"效果"面板中，展开"视频效果"选项，选择"过时"选项，展开选择的选项，选择"亮度校正器"视频特效，如图 7-66 所示。

第 14 步：将选择的视频特效添加至视频轨道的"马卡龙 4"素材上，然后选择"马卡龙 4"视频素材，在"效果控件"面板的"亮度校正器"选项区中，将"亮度"设置为 14，"对比度"为 16，"灰度系数"为 1.2，如图 7-67 所示。

图 7-66　选择"亮度校正器"视频特效

图 7-67　修改参数值

**第 15 步**：为"马卡龙 4"素材添加"亮度"视频特效，其前后对比效果如图 7-68 所示。

图 7-68　应用"亮度校正器"视频特效的前后对比效果

**第 16 步**：在"效果"面板中，展开"视频效果"选项，选择"过时"选项，展开选择的选项，选择"颜色平衡（HLS）"视频特效，如图 7-69 所示。

**第 17 步**：将选择的视频特效添加至视频轨道的"马卡龙 5"素材上，然后选择"马卡龙 5"视频素材，在"效果控件"面板的"颜色平衡（HLS）"选项区中，将"色相"设置为 41°，"亮度"为 12，"饱和度"为 21，如图 7-70 所示。

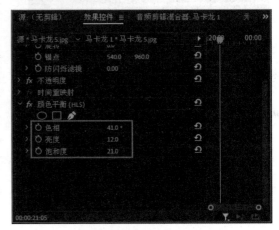

图 7-69 选择"颜色平衡（HLS）"视频特效　　　　图 7-70 修改参数值

**第 18 步**：为"马卡龙 5"素材添加"颜色平衡（HLS）"视频特效，其前后对比效果如图 7-71 所示。

图 7-71 应用"颜色平衡（HLS）"视频特效的前后对比效果

**第 19 步**：在"效果"面板中，展开"视频效果"选项，选择"生成"选项，展开选择的选项，选择"镜头光晕"视频特效，如图 7-72 所示。

**第 20 步**：将选择的视频特效添加至视频轨道的"马卡龙 6"素材上，然后选择"马卡龙 6"视频素材，在"效果控件"面板的"镜头光晕"选项区中，将"光晕中心"设置为 732 和 408，"光晕亮度"为 128%，"镜头类型"为"105 毫米定焦"，如图 7-73 所示。

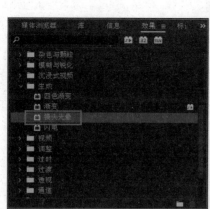

图 7-72　选择"镜头光晕"视频特效

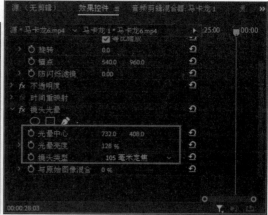

图 7-73　修改参数值

**第 21 步**：为"马卡龙 6"素材添加"镜头光晕"视频特效，其前后对比效果如图 7-74 所示。

图 7-74　应用"镜头光晕"视频特效的前后对比效果

**第 22 步**：在"效果"面板中，展开"视频效果"选项，选择"生成"选项，展开选择的选项，选择"三向颜色校正器"视频特效，如图 7-75 所示。

**第 23 步**：将选择的视频特效添加至视频轨道的"马卡龙 7"素材上，然后选择"马卡龙 7"视频素材，在"效果控件"面板的"三向颜色校正器"选项区中，依次修改各参数值，如图 7-76 所示。

**第 24 步**：即可为"马卡龙 7"素材添加"三向颜色校正器"视频特效，其前后对比效果如图 7-77 所示。

图 7-75 选择"三向颜色校正器"视频特效

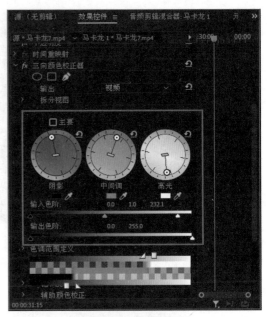

图 7-76 修改参数值

图 7-77 应用"三向颜色校正器"视频特效的前后对比效果

# 任务 7.6 音频编辑

音频的处理是视频制作中非常重要的一个环节。使用 Premiere 可以进行多音轨编辑，同时，对声音的不同问题进行调整制作。接下来将通过具体的案例，来讲解如何在 Premiere 中处理音频。

## 子任务 7.6.1  添加音频

观看视频

前面介绍了在新建项目后如何导入视频、音频素材，这里将讲解在视频剪辑的过程中如何添加音频素材。添加音频素材的具体操作步骤如下。

**第 1 步**：打开 Premiere Pro 2022，新建项目后，导入"葡萄 1"和"葡萄 2"视频素材，如图 7-78 所示。

**第 2 步**：在"项目"面板中，依次选中所有视频素材，将其按顺序拖曳至"时间轴"面板的视频轨道上，如图 7-79 所示。

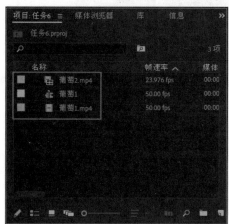

图 7-78  导入视频素材

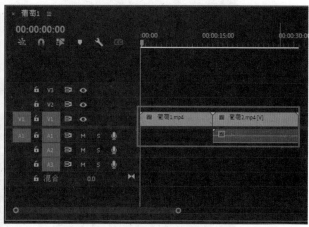

图 7-79  拖曳视频素材

**第 3 步**：在"项目"面板的空白处，双击鼠标左键，打开"导入"对话框，在相应的文件夹中选择需要导入的音频素材，单击"打开"按钮，如图 7-80 所示。

**第 4 步**：将选择的音频素材导入至"项目"面板，如图 7-81 所示。

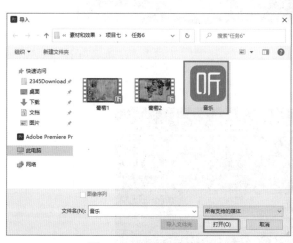

图 7-80  选择音频素材

图 7-81  导入音频素材

**第 5 步**：将音频素材拖入"时间轴"面板的"音频 2"轨道上，即可成功地为视频添加音频，如图 7-82 所示。

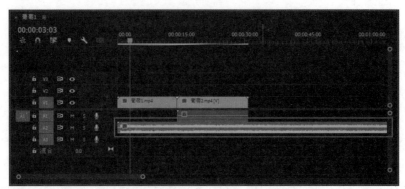

图 7-82　添加音频素材

观看视频

## 子任务 7.6.2　分割音频

分割音频，就是将一段完整的音频素材使用"剃刀"工具分割开，将不需要的部分删除。分割音频的具体操作步骤如下。

**第 1 步：**在"工具"面板中，单击"剃刀工具"按钮，分割音频的多余部分，如图 7-83 所示。

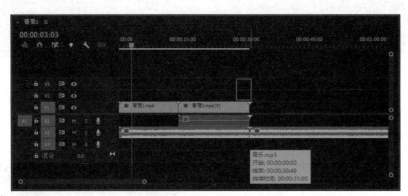

图 7-83　分割音频素材

**第 2 步：**在"工具"面板中单击"选择工具"按钮，选中多余的音频，按键盘上的 Delete 键进行删除即可，如图 7-84 所示。

图 7-84　删除多余音频

观看视频

## 子任务 7.6.3　调整音频的音量

使用 Premiere 为音频调整音量的方式有两种：一种是通过"音频增益"进行整体调节；一种是在"效果控件"中调整音量，这种方式既可以进行整段音频的调整，又可以进行分段音量的调整。

**方法一**：通过"音频增益"进行整体调节的具体操作步骤如下。

**第 1 步**：选中音频素材，单击鼠标右键，在弹出的快捷菜单中选择"音频增益"命令，如图 7-85 所示。

**第 2 步**：在"音频增益"对话框中，修改"调整增益值"为 -15dB，然后单击"确定"按钮，如图 7-86 所示。

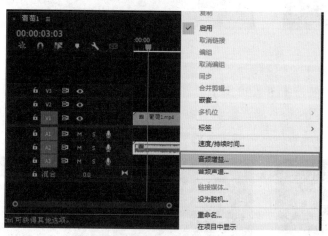

图 7-85　选择"音频增益"命令

图 7-86　修改参数值

**第 3 步**：最终调整音频的音量效果如图 7-87 所示。

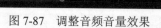

图 7-87　调整音频音量效果

**方法二**：不仅可以对音频的整体音量进行调节，也可以通过对音频添加关键帧，进行分段音量调节。下面以分段调整音量为例进行讲解，具体的操作步骤如下。

**第 1 步**：选中音频素材，在"效果控件"面板中展开"音量"选项区，如图 7-88 所示。

**第 2 步**：将时间线移动至 00:00:02:15 位置处，将"级别"数值调整为 3.0dB，单击"添加关键帧"按钮，添加一个关键帧，如图 7-89 所示。

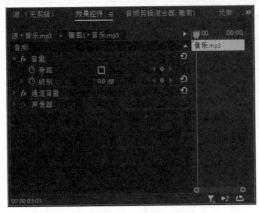
图 7-88　展开"音量"选项区

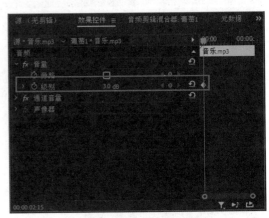
图 7-89　添加第一组关键帧

**第 3 步**：将时间线移动至 00:00:09:23 位置处，将"级别"数值调整为 -6.0dB，单击"添加关键帧"按钮，添加一个关键帧，如图 7-90 所示。

**第 4 步**：将时间线拖至 00:00:28:08 处，将"级别"数值调整为 -10.0dB，单击"添加关键帧"按钮，添加一个关键帧，完成音频部分的音量调整，如图 7-91 所示。

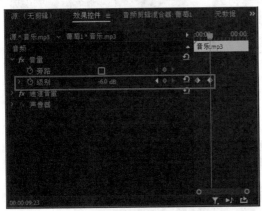
图 7-90　添加第二组关键帧

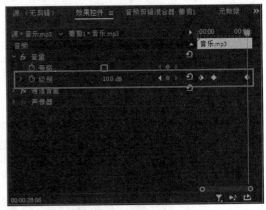
图 7-91　添加第三组关键帧

## 子任务 7.6.4　音频降噪处理

观看视频

在进行视频剪辑和处理的过程中，经常遇到一些噪声较多的视频，这时候需要进行降噪处理。在降噪的同时，保留比较清晰的人声，这样才能够保证较好的视频音效。音频降噪处理的具体操作步骤如下。

**第 1 步**：在"效果"面板中，依次展开"音频效果"→"降杂/恢复"选项，选中"降噪"音频效果，如图 7-92 所示。

**第 2 步**：将选择的音频素材拖曳至"音频 2"轨道的音频素材上，在"效果控件"面板的"降噪"选项中，单击"自定义设置"右侧的"编辑"按钮，如图 7-93 所示。

图 7-92　选择"降噪"音频效果

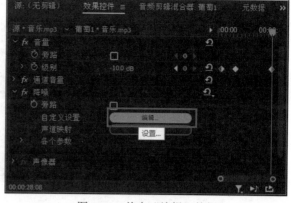

图 7-93　单击"编辑"按钮

**第 3 步**：打开"剪辑效果编辑器"对话框，将"预设"选项修改为"强降噪"，将"数量"数值调整至 51%，如图 7-94 所示，关闭"剪辑效果编辑器"对话框，完成音频的降噪处理。

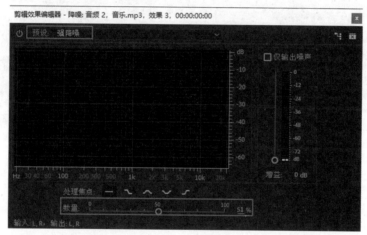

图 7-94　修改参数值

## 子任务 7.6.5　设置音频淡化

观看视频

音频淡化就是为声音添加过渡，在制作短视频时，有可能会出现音频长于或者短于视频素材的情况，这时就需要对多余的音频进行修剪，或者是补齐不足的音频，防止声音突然出现、终止或切换音乐。而设置音频淡化，则使声音可以自然地开始或者结束。音设置音频淡化的具体操作步骤如下。

**第 1 步**：将光标定位在音频右端，单击鼠标右键，在弹出的快捷菜单中选择"应用默认过渡"命令，如图 7-95 所示。

**第 2 步**：为音频素材添加音频过渡效果，然后选中已添加的音频过渡效果，在"效果控件"面板中，将"恒定功率"的持续时间调整为 00:00:04:00，即可调整音频过渡效果的持续时间，如图 7-96 所示。

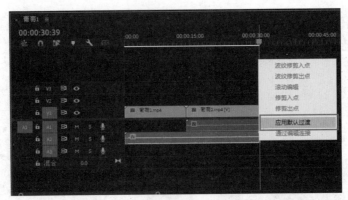

图 7-95　选择"应用默认过渡"命令

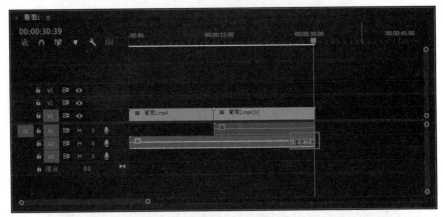

图 7-96　调整音频过渡效果的持续时间

观看视频

## 子任务 7.6.6　从视频中分离音频

在拍摄视频素材时，通常会连带生成一些音频，但有些音频是制作短视频时不需要的，这时就需要对音频与视频进行分离。从视频中分离音频的具体操作步骤如下。

**第 1 步**：选中"葡萄 2"视频素材，单击鼠标右键，在弹出的快捷菜单中选择"取消链接"命令，如图 7-97 所示。

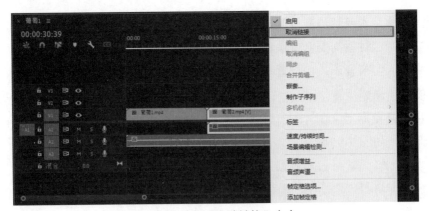

图 7-97　选择"取消链接"命令

第 2 步：分离视频中的视频和音频，且"葡萄 2"素材后面的 [V] 就会消失，如图 7-98 所示。

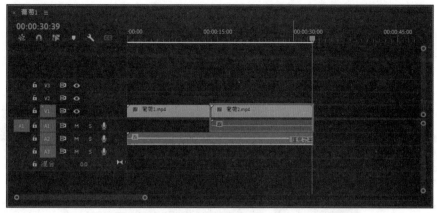

图 7-98　分离视频和音频

## 课堂实训——使用 Premiere 制作旅游宣传动画

观看视频

旅游宣传动画是对一个地区地理风貌、人文风貌的展示和表现。通过影像的传播手段，去提高旅游景地的知名度和曝光率。旅游宣传动画需要去挖掘出景区特色的地域文化特征，准确地表达差异化的旅游景点定位、凝练旅游景点的独特人文、形成对旅游景点理念的诉求；通过行云流水的光影图像展现景点独特魅力，让旅游宣传片更具魅力。本例将讲解制作某地区旅游宣传动画的制作方法与步骤，最终视频的部分画面效果如图 7-99 所示。

图 7-99　旅游宣传动画的部分画面效果

231

使用 Premiere 制作旅游宣传动画的具体操作步骤如下。

第 1 步：打开 Premiere Pro 2022，新建一个名称为"旅游宣传动画"的项目文件，在"项目"面板的空白处单击鼠标右键，在弹出的快捷菜单中选择"新建项目"命令，展开子菜单，选择"序列"命令，如图 7-100 所示。

第 2 步：打开"新建序列"对话框，在"可用预设"列表框中选择"宽屏 48KHz"选项，在"序列名称"文本框中输入"总合成"，单击"确定"按钮，如图 7-101 所示。

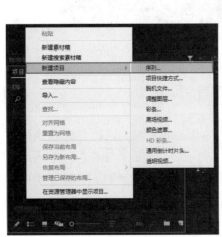

图 7-100　选择"序列"命令

图 7-101　设置序列参数

第 3 步：完成序列文件的新建操作，并在"项目"面板中显示，画幅比例显示为方形屏幕 16:9，如图 7-102 所示。

第 4 步：在"项目"面板的空白处单击鼠标右键，打开快捷菜单，选择"新建素材箱"命令，新建两个素材箱，并分别将其重命名为视频素材、文字素材，如图 7-103 所示。

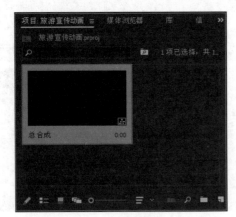

图 7-102　新建序列文件

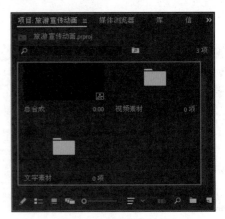

图 7-103　新建素材箱

第 5 步：在"项目"面板的"视频素材"素材箱面板中双击鼠标左键，打开"导入"对话框，在素材文件夹中所有的视频、音频素材，单击"打开"按钮，如图 7-104 所示。

第 6 步：在"项目"面板的"文字素材"素材箱面板中再次打开"导入"对话框，在素材文件夹中选产品 PSD 素材文件，单击"打开"按钮，如图 7-105 所示。

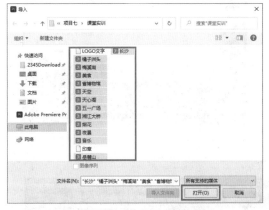
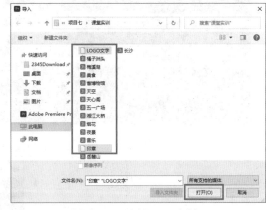

图 7-104　选择视频和音频素材　　　　　图 7-105　选择 PSD 素材

第 7 步：显示"导入分层文件"对话框，选择"合并所有图层"选项，单击"确定"按钮，如图 7-106 所示。

第 8 步：将全部素材导入素材箱，效果如图 7-107 所示。

图 7-106　选择"合并所有图层"选项　　　图 7-107　导入全部素材

第 9 步：将"视频素材"素材箱中的"音乐"文件，拖入"时间轴"面板的"音频 1"轨道，如图 7-108 所示。

第 10 步：制作视频遮罩，在"文字素材"素材箱的空白处单击鼠标右键，选择"新建项目"命令，展开子菜单，选择"颜色遮罩"命令，如图 7-109 所示。

第 11 步：打开"新建颜色遮罩"对话框，单击"确定"按钮，如图 7-110 所示。

第 12 步：打开"拾色器"对话框，将 R、G、B 均设置为 0，单击"确定"按钮，如图 7-111 所示。

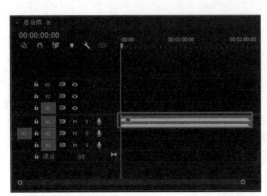

图 7-108　拖曳音乐素材

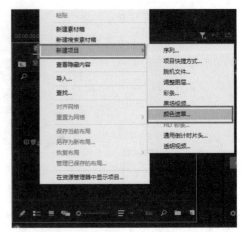

图 7-109　选择"颜色遮罩"命令

图 7-110　设置参数值

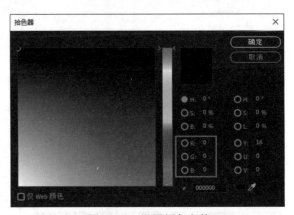

图 7-111　设置颜色参数

第 13 步：打开"选择名称"对话框，修改名称为"黑色遮罩"，单击"确定"按钮，如图 7-112 所示。

第 14 步：即可新建遮罩素材，并在"文件素材"素材箱面板中显示，如图 7-113 所示。

图 7-112　修改遮罩名称

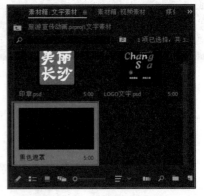

图 7-113　新建遮罩素材

第 15 步：将"黑色遮罩"文件分别拖曳至"时间轴"面板的"视频 3""视频 4"轨道，并将"黑色遮罩"素材和音乐素材的持续时间均调整为 36 秒 22 帧，如图 7-114 所示。

第 16 步：在"效果"面板中展开"视频效果"选项，选择"变换"选项下的"裁剪"视频效果，如图 7-115 所示，将其分别拖曳至"时间轴"面板的"视频 3""视频 4"轨道上的"黑色遮罩"素材上。

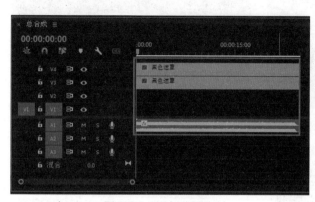

图 7-114　添加遮罩素材

图 7-115　选择"裁剪"视频效果

第 17 步：选择"视频 3"轨道上的"黑色遮罩"素材，在"效果控件"面板中，调整"裁剪"选项区中的"底部"为 88%，如图 7-116 所示。

第 18 步：选择"视频 4"轨道上的"黑色遮罩"素材，在"效果控件"面板中，调整"裁剪"选项区中的"顶部"为 88%，如图 7-117 所示。

图 7-116　修改参数值

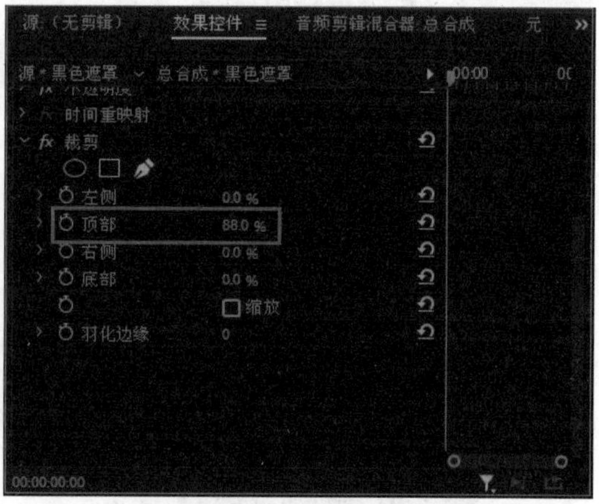

图 7-117　修改参数值

第 19 步：将"视频素材"素材箱中的视频素材"天空"，拖入时间轴"视频 1"轨道，如图 7-118 所示。

第 20 步：选择"天空"素材，修改其持续时间长度为 2 秒，如图 7-119 所示。

第 21 步：选择"天空"素材，在"效果控件"面板，调整"运动"选项区的"位置"为 360 和 345，"缩放"为 57，如图 7-120 所示。

第 22 步：调整视频素材的位置和大小，并在"节目监视器"面板中预览效果，如图 7-121 所示。

短视频拍摄、剪辑与制作

图 7-118　添加"天空"素材

图 7-119　调整持续时间长度

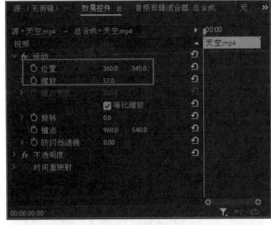

图 7-120　修改参数值

图 7-121　调整视频素材的位置和大小

第 23 步：重复步骤 19 至步骤 22 的操作，将"素材箱"中的所有视频素材，按照脚本顺序拖曳至"时间轴"面板的"视频 1"轨道，并调整每个素材的长度为 3 秒，重复播放，检查画面与音乐之间的配合效果，进行细微调整，如图 7-122 所示。

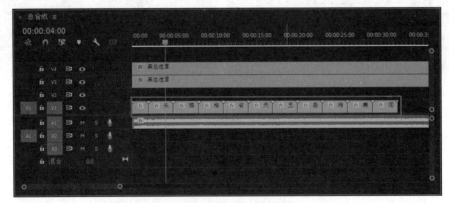

图 7-122　添加所有视频素材

第 24 步：切换至"文字素材"素材箱面板，单击"文件"菜单，选择"新建"→"旧版标题"命令，如图 7-123 所示。

第 25 步：打开"新建字幕"对话框，修改"名称"为"云海"，单击"确定"按钮，如图 7-124 所示。

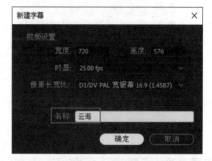

图 7-123　选择"旧版标题"命令　　　　　　　图 7-124　修改名称

第 26 步：打开"字幕"窗口，单击"文字工具"按钮，在视频所需要的位置上单击鼠标左键，输入文字"美丽云海"，如图 7-125 所示。

第 27 步：在右侧的"旧版标题属性"面板的"属性"选项区中，修改"字体系列"为"华文行楷"，"字体大小"为 110，如图 7-126 所示。

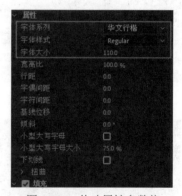

图 7-125　输入文字　　　　　　　　　　图 7-126　修改属性参数值

第 28 步：在"填充"选项区中，将"颜色"的 R、G、B 参数均修改为 255，在"阴影"选项区中，勾选"阴影"复选框，如图 7-127 所示。

第 29 步：修改字幕格式，其字幕效果如图 7-128 所示。

第 30 步：将字幕"云海"拖曳至"时间轴"面板的"视频 2"轨道中，放置在素材"天空"上方，调整素材长度与"天空"素材长度一致，如图 7-129 所示。

第 31 步：将"印章"PSD 素材拖曳至"时间轴"面板的"视频 5"轨道中，调整素材长度与"天空"素材长度一致，如图 7-130 所示。

第 32 步：选择"印章"PSD 素材，在"效果控件"面板，调整"运动"选项区的"位置"为 637 和 349，将"缩放"调整为 5，如图 7-131 所示。

第33步：即可调整"印章"素材的大小和位置，并在"节目监视器"面板中预览效果，如图 7-132 所示。

图 7-127　修改参数值

图 7-128　修改字幕格式

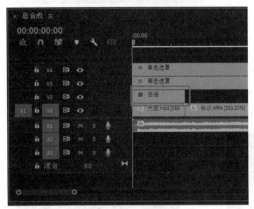

图 7-129　添加字幕素材

图 7-130　添加 PSD 素材

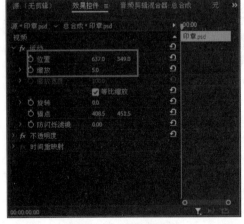

图 7-131　修改参数值

图 7-132　调整素材大小和位置

第34步：重复步骤24至步骤33，依次创建其他字幕素材，然后将所有字幕素材和"印章"素材，拖曳至"时间轴"面板的"视频2"和"视频5"轨道中，并按照对应视频素材的长度调整文字素材的长度，如图 7-133 所示。

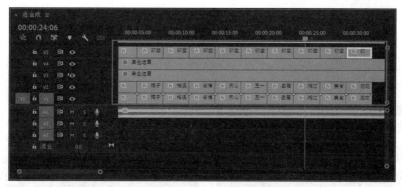

图 7-133　添加其他字幕素材

第 35 步：在"项目"面板中，选择"夜景"视频素材，将其拖曳至"时间轴"面板的"视频 1"轨道的结尾处，如图 7-134 所示。

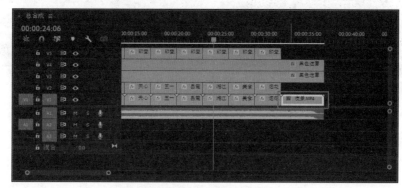

图 7-134　添加视频素材

第 36 步：制作落版，在"效果"面板搜索"模糊"选项，然后选择"过时"选项下的"快速模糊"视频效果，如图 7-135 所示。

第 37 步：将其添加至"夜景"视频素材上，然后选中"夜景"视频素材，将时间线移至 00:00:32:10 的位置，在"效果控件"面板的"快速模糊"选项区中，修改"模糊度"为 0，添加一个关键帧，如图 7-136 所示。

图 7-135　选择"快速模糊"视频效果

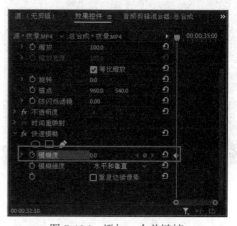

图 7-136　添加一个关键帧

第38步：将时间线移至00:00:35:15的位置，在"效果控件"面板的"快速模糊"选项区中，修改"模糊度"为50，添加一个关键帧，如图7-137所示。

第39步：将"logo文字.psd"素材拖曳至"时间轴"面板"视频2"轨道上，并调素材长度与"夜景"视频素材长度一致，如图7-138所示。

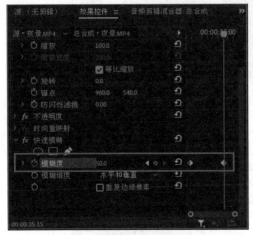

图7-137　添加一组关键帧

图7-138　添加文字素材

第40步：选中"logo文字.psd"素材，在"效果控件"面板，调整"fx运动"的"缩放"为80，如图7-139所示，至此，本案例效果制作完成。

第41步：单击"文件"菜单，选择"导出"→"媒体"命令，如图7-140所示。

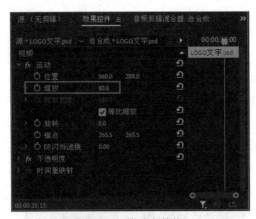

图7-139　修改参数值

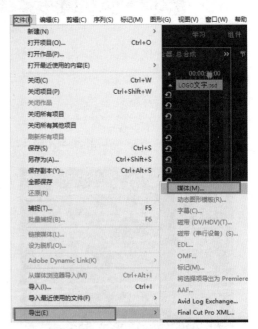

图7-140　选择"媒体"命令

第42步：打开"导出设置"对话框，在"格式"列表框中选择"H.264"选项，在"预设"列表框中选择"匹配源－高比特率"选项，单击"输出名称"右侧的文本链接，修改输出文件名，修改 MP4 视频文件的保存路径，修改文件名称为"旅游宣传动画"。

　　第 43 步：在"导出设置"对话框的右下角，单击"导出"按钮，打开"编码总合成"对话框，显示渲染进度，稍后将完成 MP4 视频文件的导出操作，如图 7-141 所示。

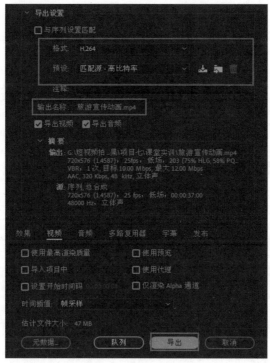

图 7-141　设置导出参数

## 课后练习

　　1. 使用 Premiere Pro 2022 制作一段快闪电子相册短视频。

　　2. 使用 Premiere Pro 2022 剪辑一段萌宠短视频。

# 图书资源支持

感谢您一直以来对清华版图书的支持和爱护。为了配合本书的使用，本书提供配套的资源，有需求的读者请扫描下方的"书圈"微信公众号二维码，在图书专区下载，也可以拨打电话或发送电子邮件咨询。

如果您在使用本书的过程中遇到了什么问题，或者有相关图书出版计划，也请您发邮件告诉我们，以便我们更好地为您服务。

**我们的联系方式：**

清华大学出版社计算机与信息分社网站：https://www.shuimushuhui.com/

地　　　址：北京市海淀区双清路学研大厦 A 座 714

邮　　　编：100084

电　　　话：010-83470236　010-83470237

客服邮箱：2301891038@qq.com

QQ：2301891038（请写明您的单位和姓名）

资源下载：关注公众号"书圈"下载配套资源。

资源下载、样书申请

图书案例

书圈

清华计算机学堂

观看课程直播